Finanzen für Selbständige

Markus Freiburghaus

Finanzen für Selbständige

So haben Kleinfirmen ihr Geld im Griff

Ein Ratgeber aus der Beobachter-Praxis

Der Autor

Der Autor **Markus Freiburghaus** promovierte an der Universität St. Gallen zum Dr. oec. HSG. Nach langjähriger Praxis in Organisations- und Wirtschaftsberatungsmandaten ist er seit 1997 als vollamtlicher Professor an der Fachhochschule Nordwestschweiz in Olten tätig.

Ihre persönlichen Excel-Vorlagen

Holen Sie sich Ihre persönlichen Excel-Vorlagen im Internet. Wählen Sie Ihren Link: www.beobachter.ch/finanzen36412008.
Die Excel-Berechnungstabellen sind einfach anzuwenden und lassen sich rasch an Ihre Bedürfnisse anpassen. Sie finden zum Beispiel eine Bilanz, eine Erfolgs- und eine Kostenrechnung sowie Hilfsmittel für die kurz- und die langfristige Finanzplanung. Arbeiten Sie mit Ihren eigenen Zahlen und sehen Sie, wie es um die Finanzen Ihres Unternehmens steht.

Beobachter-Buchverlag
© 2005 Jean Frey AG
2., aktualisierte und erweiterte Auflage 2008
Alle Rechte vorbehalten
www.beobachter.ch

Herausgeber: Der Schweizerische Beobachter, Zürich
Lektorat: Käthi Zeugin
Cover: artimedia.ch, Patrick Rohner (Bild)
Satz: Bruno Bolliger

ISBN 978 3 85569 364 1

Dieses Buch wurde auf chlor- und säurefreiem Papier gedruckt.

Inhalt

Vorwort 11

1. Der Nutzen des Rechnungswesens 13

Finanzielle Steuerung des Unternehmens 14
Die Ertragskraft beurteilen 14
Die Finanzierung beurteilen 16
Die Liquidität steuern 17

Vorschriften, die Sie beachten müssen 19
Die kaufmännische Buchführung 19
Vorschriften des Steuerrechts 21

Brauchen auch Kleinfirmen ein Rechnungswesen? 23
Die Instrumente des Rechnungswesens: ein Überblick 24

2. Finanzbuchhaltung: was alle brauchen 27

Die ersten Schritte 28
Tipps für einen erfolgreichen Start 28
Das Inventar als Grundlage 29

Was ist eine Bilanz? 30
Trennung von Privat und Geschäft 31
Ordnung im Kontendschungel 32
Strukturiertes Festhalten von Veränderungen: die Buchungsregeln 34

Was ist eine Erfolgsrechnung? 36

Das Kontensystem 38
Mehr Übersicht dank Kontenrahmen 39
Der Kontenplan Ihres Unternehmens 41

Geschäftsfälle und ihre Verbuchung 41
Erfolgsneutrale und erfolgswirksame Geschäftsfälle 42
Verbuchung der laufenden Geschäftsaktivitäten 43
Überlegungen beim Abschluss 44
Wie häufig soll der Abschluss erstellt werden? 45
Aussagen für die Zukunft 46

3. Effiziente Organisation 49

Datenfluss und Ablage 50
Kontierung einfach gemacht 51
Die eigenen Rechnungen – ein Problem 52

Das Verbuchen des Verkehrs 53
Offenposten-Buchhaltung 54
Laufende Verbuchung 55

Rechnungswesen im Haus oder extern? 55
Die richtigen Finanzspezialisten finden 56
Welche Ausbildung soll der externe Partner mitbringen? ... 58

4. Finanzielle Führung für Fortgeschrittene 61

Interne und externe Rechnung 62
Aufwand und Nutzen abwägen 62
Vorteile der externen Rechnung 63

Spielen mit stillen Reserven 64
Beliebige Manipulation der Buchhaltung? 65
Stille Reserven auf Rückstellungen 66

Stille Reserven auf Anlagevermögen 68
Stille Reserven auf Umlaufvermögen 70
Vorschriften des Handelsrechts 71
Das sagt das Steuerrecht 73

Die Kostenrechnung **74**
Lohnt sich der Aufwand? 74
Kosten der Geschäftstätigkeit 76
Kosten auf dem Eigenkapital 76
Abschreibungskosten 79
Neutraler Aufwand und Kosten 79
Welchen Wert haben die Leistungen? 80
Direkte und indirekte Kosten 81
Fixe und variable Kosten 83
Neue Produkte beurteilen 84
Die Kostenrechnung richtig aufstellen 85

Den Cashflow im Griff: die Mittelflussrechnung **88**
Wie wird der Cashflow bestimmt? 88
Wie hoch muss der Cashflow sein? 90
Mittelflussrechnung leicht gemacht 92

5. Die Finanzplanung 95

Vorbereitung der Finanzplanung: die Ist- und Sollwerte **96**
Planung des Netto-Umlaufvermögens: der Cash Cycle 96
Planung des Anlagevermögens 100
Laufende oder bloss punktuelle Finanzplanung? 101

Die integrierte Finanzplanung **102**
Von der Prognose zur Planung 102
Was leistet die integrierte Finanzplanung? 103
Kurzfristig planen: Was passiert auf dem Bankkonto? 107
Langfristig planen: Was passiert in der Bilanz? 110

6. Kennzahlen und was sie aussagen 115

Kennzahlen gezielt einsetzen **116**
Welche Kennzahlen sind sinnvoll? 116
Die Risikobeurteilung der Banken 117
Interessant: Vergleichszahlen 118

Kennzahlen selber definieren **120**
Informationsbedürfnisse prüfen 121
Bauanleitung an einem Beispiel 122

Kennzahlen zur Liquidität und Verschuldung **125**
Die Liquiditätsgrade 1 bis 3 125
Die Verschuldungsfaktoren 129

Kennzahlen zur Rentabilität und Ertragskraft **131**
Die Kapitalrendite 131
Die Umsatzrendite 134

Kennzahlen zur Bilanzsolidität **135**
Der Anlagedeckungsgrad 1 und 2 136
Der Eigen- und der Fremdfinanzierungsgrad 136

«Schlechte» Kennzahlen, was nun? **139**
Kennzahlen sind Warnsignale 139

7. Die Finanzsituation beeinflussen 143

Im Zentrum: die Verbesserung der Ertragskraft **144**
Wovon hängt die Ertragskraft ab? 145
Preise richtig kalkulieren 145
Stückkosten reduzieren 148
Versteckte Kosten im Umlaufvermögen 149
Versteckte Kosten im Anlagevermögen 151
Versteckte Kosten im Fremdkapital 152

Verbesserung der Liquidität 154
Den Cashflow verbessern 154
Wachstum richtig finanzieren 156
Neues Kapital auftreiben 157
Wie günstig ist die Finanzierung durch Leasing? 160

Die finanzielle Beurteilung von Projekten 161
Investieren, eine unternehmerische Kernaufgabe 162
Wie beeinflusst eine Investition den Wert des Unternehmens? 163
Wie hoch soll der Kapitalisierungszinssatz sein? 166
Wenn die zukünftigen Einnahmen nicht bekannt sind 168
Wenn die zukünftigen Einnahmen nicht vergleichbar sind 170
Die Abhängigkeit von den Daten – ein Problem? 171
Am Schluss steht der Entscheid 172

8. Finanzielle Probleme – was tun? 175

Wichtig: ein Frühwarnsystem 176
Aussenstehende als Gesprächspartner 177

Unterbilanz und Überschuldung 178
Rechtliche Folgen bei Personengesellschaften und Einzelfirmen 180
Rechtliche Folgen bei AG und GmbH 180
Richtig reagieren 181
Sofortmassnahmen 182
Nachhaltig wirksame Massnahmen 187
Die Hilfe eines Sanierers 188
Und die Schlussfolgerung? 190

Zahlungsunfähigkeit: Sanierung oder Liquidation? 190
Mögliche Ursachen für Zahlungsprobleme 191
Zentral: ein realistischer Zeitplan 192
Was spricht fürs Weitermachen? 193
Die Firma wieder rentabel machen 194
Freiwillig und geordnet liquidieren 196

Anhang 199

Beispiele und Hilfsmittel 200
Gesetzliche Höchstbewertungsvorschriften für AG und GmbH 210
Abschreibungssätze der eidgenössischen Steuerverwaltung 211
Kennzahlenwerte 214
Formeln für die Beurteilung von Investitionen 215
Nützliche Adressen und Links 216
Literatur 217
Stichwortverzeichnis 218

Vorwort

Das Bedürfnis nach vertiefter Unterstützung bei den vielen Finanz-fragestellungen im unternehmerischen Alltag ist gross. Grund ge-nug für eine erweiterte Neuauflage des erfolgreichen Ratgebers für Firmeninhaber und Unternehmerinnen. Ausgebaut wurden dafür vor allem drei Themenbereiche: die Finanzplanung, die Beurteilung von Investitionen und die Reaktion auf finanzielle Schwierigkeiten.

Als Erstes zeigt der Ratgeber, bei welchen Entscheiden Sie auf die Informationen aus dem Rechnungswesen zugreifen können. Im zweiten und dritten Kapitel erfahren Sie, welche Instrumente auch in einem kleinen Betrieb mindestens erforderlich sind und wie diese «funktionieren». Denn über diesen zentralen Bereich Ihres Unter-nehmens sollten Sie Bescheid wissen – auch wenn ein Treuhänder Ihre Buchhaltung führt.

Das vierte und fünfte Kapitel richten sich an Unternehmer, wel-che die finanzielle Führung ihres Betriebs umfassender angehen und eine eigentliche Finanzplanung erstellen möchten. Anschliessend geht der Ratgeber auf die verschiedenen Kennzahlen ein, die vor al-lem die Banken immer wieder einfordern, und zeigt, wie Sie diese für Ihre Bedürfnisse aussagekräftig gestalten können. Die beiden letzten Kapitel beschreiben, wie Sie die Finanzsituation Ihres Unter-nehmens steuern und wie Sie rechtzeitig reagieren, wenn sich finan-zielle Probleme abzeichnen.

Ganz neu sind die praxisnahen Excel-Berechnungstabellen, auf die Sie mit dem Ratgeber Zugriff haben. Diese können Sie von der Homepage des Beobachters herunterladen und entweder tel quel verwenden oder für Ihre eigenen Zwecke anpassen. Wählen Sie den Link **www.beobachter.ch/finanzen36412008**.

Und nun: viel Spass bei der Lektüre und vor allem viel Erfolg bei der Umsetzung.

Markus Freiburghaus
Olten, im November 2007

Der Nutzen des Rechnungswesens

Das Rechnungswesen hat in erster Linie die Aufgabe, Ihnen die finanzielle Führung Ihrer Unternehmung zu erleichtern und Entscheidungsgrundlagen zu liefern. Wie Sie ein professionell geführtes Rechnungswesen bei der Entscheidfindung einsetzen können und welche gesetzlichen Vorschriften Sie beachten müssen, zeigen Ihnen die folgenden Seiten.

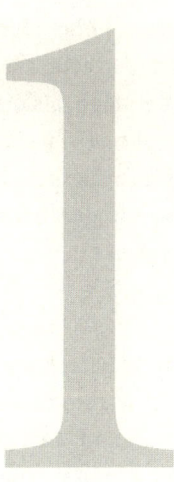

Finanzielle Steuerung des Unternehmens

«Sind die Kunden zufrieden, ist das Unternehmen erfolgreich.» Diese Ansicht ist zwar nicht falsch, aber sie ist unvollständig. So manches Unternehmen musste trotz sehr zufriedener Kunden den Betrieb schliesslich aufgeben – sei es freiwillig, sei es gezwungenermassen. Wie ist das möglich?

Die einseitige Ausrichtung auf den Kunden übersieht, dass die Herstellung von Produkten oder die Erbringung von Dienstleistungen bloss die eine Seite der unternehmerischen Tätigkeit betrifft. Ein Betrieb überlebt auf lange Sicht nur, wenn er nachhaltig Gewinn macht. Und wenn er jederzeit in der Lage ist, seinen finanziellen Verpflichtungen nachzukommen.

Die Ertragskraft beurteilen

Gewinn macht Ihr Betrieb, wenn die Erträge langfristig höher sind als die Aufwände. Die Kunden müssen nicht nur zufrieden sein – sie müssen auch bereit sein, für Ihre Produkte mehr zu bezahlen, als die Herstellung gekostet hat. Die Fähigkeit eines Unternehmens, nachhaltig Gewinn zu erzielen, nennt man seine Ertragskraft. Diese lässt sich nicht direkt messen. Messbar ist jedoch der Gewinn, der in der Vergangenheit in einer bestimmten Periode – beispielsweise in einem Geschäftsjahr – erzielt wurde.

Wertzu- und Wertabflüsse Wollen Sie Ihren Gewinn berechnen, müssen Sie herausfinden, wie hoch die Erträge und wie hoch die Aufwände im betreffenden Geschäftsjahr waren. Das klingt trivial: Aufwand ist das, was im Geschäftsjahr bezahlt werden musste. Ertrag ist die Summe der eingegangenen Zahlungen. Bei näherer Betrachtung zeigen sich aber verschiedene Fälle, bei denen die Rechnung nicht so einfach ist:

Unternehmer Gerold T. kauft gegen Ende des Geschäftsjahrs Waren auf Kredit. Diese Waren verkauft er noch im selben Geschäftsjahr gegen bar weiter, die Rechnung des Lieferanten aber ist am Ende des Geschäftsjahrs noch offen.

Hier zeigt sich, dass nicht nur Barzahlungen, sondern auch offene Rechnungen als «Auszahlung» berücksichtigt werden müssen, wenn Sie den Gewinn korrekt berechnen wollen. Kurz gesagt: Es geht eigentlich nicht um Ein- und Auszahlungen im engen Sinn, sondern um Wertzuflüsse und Wertabflüsse.

Die Floristin Franziska H. tätigt am Anfang des Geschäftsjahrs eine Investition in neues Ladenmobiliar, das sie während mindestens fünf Jahren nutzen will.

Wird in diesem Fall die Rechnung für das neue Mobiliar einfach als Wertabfluss gezählt, passiert ein Fehler: Die Floristin hat am Ende des Geschäftsjahrs zwar im Umfang der Rechnung weniger Geld (wenn sie bar gezahlt hat) bzw. mehr Schulden (falls die Rechnung noch offen ist), aber sie hat auch einen Gegenwert: praktisch neuwertiges Mobiliar. Als Aufwand im betreffenden Geschäftsjahr gilt nur die Differenz zwischen dem Neuwert des Mobiliars am Anfang und dem Restwert am Ende des Jahres.

Die Erfolgsrechnung In der Buchhaltung werden diese Vorgänge so korrekt wie möglich festgehalten. Das heisst, die Ein- und Auszahlungen werden erfasst und gestützt darauf die Wertzu- und -abflüsse – genannt Erträge und Aufwände – berechnet. Die Erfolgsrechnung stellt die Erträge und Aufwände systematisch zusammen und zeigt als Schlussresultat den Gewinn des Geschäftsjahrs.

Leider gibt die Erfolgsrechnung zwar Auskunft über den Erfolg des Unternehmens als Ganzes. Möchten Sie jedoch wissen, ob auf einzelnen Produkten Gewinn oder Verlust gemacht wurde, hilft sie Ihnen nur beschränkt. Werden in Ihrem Betrieb mehrere Produkte hergestellt und vertrieben, die erhebliche Unterschiede in der Art der Fertigung, in der Art und Menge der verwendeten Ressourcen etc. aufweisen, sollten Sie über die Einrichtung einer Kostenrechnung nachdenken (siehe Seite 74).

Die Finanzierung beurteilen

Ein Unternehmen läuft nicht automatisch an, wenn eine Geschäftsidee vorliegt. Zuerst müssen die materiellen und personellen Voraussetzungen geschaffen werden, ein Vorgang, der Geld – in der Fachsprache: Liquidität – benötigt.

Da zudem die Einzahlungen der Kunden und die Auszahlungen an die Lieferanten nicht immer zeitlich genau aufeinander abgestimmt werden können, braucht das Unternehmen eine Liquiditätsreserve in Form von Bargeld, Bank- oder Postguthaben. Schliesslich sind eventuell Vorräte nötig, damit eine bestimmte Lieferbereitschaft gewährleistet werden kann.

Vermögen und Schulden: die Bilanz Diese Infrastruktur, die Vorräte, die Liquidität und andere ähnliche Posten, werden als Vermögen bezeichnet. Bevor das Vermögen aber zur Verfügung steht, muss es sich die Firma zuerst beschaffen – sie muss finanziert werden. Dazu gibt es verschiedene Möglichkeiten: zum Beispiel Aufnahme von Krediten, Einschiessen von Barmitteln durch den Eigentümer, Überlassen von Sachmitteln durch den Eigentümer. Ganz unabhängig davon, wie die Firma finanziert wurde, bestehen anschliessend Ansprüche der Gläubiger oder der Eigentümer, die früher oder später beglichen werden müssen: Ein Kredit muss auf den Tilgungstermin zurückgezahlt werden, Einschüsse der Eigentümer spätestens im Zug der Liquidation der Firma.

Die Abstimmung des Vermögens mit den Ansprüchen der Gläubiger und Eigentümer können Sie geschickt oder auch weniger geschickt handhaben. Ungünstig ist es beispielsweise, wenn Sie Geld, das nur kurze Zeit zur Verfügung steht und bald wieder zurückgezahlt werden muss, in Vermögen stecken, das Ihrem Betrieb lange zur Verfügung stehen und Nutzen bringen sollte. Als Unternehmer oder Unternehmerin brauchen Sie also ein Instrument, das die Zusammensetzung des Vermögens – Aktiven genannt – und die Zusammensetzung der Ansprüche – die Passiven – aufzeigt. Die Bilanz leistet unter anderem genau das.

Die Liquidität steuern

Die Bilanz hat vor allem einen Nachteil: Sie zeigt das Vermögen und die Schulden zwar genau an, aber eben nur an einem ganz bestimmten Tag: dem Tag, auf den sie aufgestellt wurde.

Bei der Sicherstellung der Zahlungsbereitschaft geht es aber im Kern nicht darum, den Bestand an Zahlungsmitteln mit dem Bestand an Schulden abzugleichen. Wichtig ist vielmehr, den Strom der hereinkommenden Zahlungen mit dem Strom der ausgehenden abzustimmen.

Die Frage lautet nämlich in der Regel nicht: Sind am 31. Januar 2008 genau gleich viel liquide Mittel wie Schulden vorhanden? Von Interesse ist vielmehr: Wie viel liquide Mittel kommen im Januar neu herein und wie viel fliessen im selben Monat ab? Nur so können Sie sicherstellen, dass Ihre Unternehmung jederzeit in der Lage ist, die anstehenden Zahlungen zu leisten.

Ihre Liquidität – die Zahlungsbereitschaft – können Sie nur näherungsweise anhand der Bilanz beurteilen. Wie sehr man sich bei einer stichtagsbezogenen Betrachtung täuschen kann, zeigt folgendes Beispiel:

Fernand G., Inhaber einer Schreinerei, erstellt mitten im Geschäftsjahr eine Bilanz auf den 30. Juni, um die Zahlungsbereitschaft zu überprüfen. Er verfügt in diesem Zeitpunkt über Fr. 6000.– Kontokorrentguthaben auf der Bank. Dem stehen offene

Lieferantenrechnungen von Fr. 8000.– gegenüber. Da die Schreinerei aber ihrerseits noch offene Kundenrechnungen von Fr. 9000.– hat, überlegt Fernand G.: «Ich habe Fr. 2000.– auf der Bank und meine Kunden schulden mir Fr. 9000.–. Da ich meine Kunden gut kenne und ihrer Zahlungsmoral vertrauen kann, gehe ich davon aus, dass in weniger als einem Monat Fr. 11 000.– auf dem Konto liegen werden. Die Lieferantenrechnungen von Fr. 8000.– muss ich erst in einem Monat begleichen.» Daraus schliesst er, dass er für den nächsten Monat über ein komfortables Liquiditätspolster von Fr. 3000.– verfügt. Er ist deshalb völlig überrascht, als ihm seine Bank Ende Juli mitteilt, seine Kreditlimite auf dem Kontokorrent sei überzogen worden.

Was war passiert? Die Bilanz per Ende Juni zeigte zwar die Bestände korrekt an. Was der Inhaber darin aber nicht sehen konnte und deshalb bei seiner Überlegung vergass, war, dass im Juli Löhne fällig würden (Fr. 10 000.–), dass er weiteres Material teilweise gegen bar beziehen würde (Fr. 1000.–) und dass bei einem an sich langfristigen Darlehenskredit eine Ratenzahlung anstand (Fr. 5000.–). Zudem musste bei einer Maschine ein defektes Teil ausgetauscht werden, was direkt bar bezahlt wurde (Fr. 500.–). Dass die Kunden, wie erwartet, ihre Ausstände fristgerecht überwiesen, konnte die Situation nicht mehr retten.

Wichtig sind die Zahlungsvorgänge

Wichtig sind die Zahlungsvorgänge Mit anderen Worten: Die Zahlungsbereitschaft wird durch Lohnzahlungen, Einkäufe von Ressourcen, Investitionen und Schuldentilgung viel stärker beeinflusst als durch die Bestände an Zahlungsmitteln. Wer nur auf die Bilanz und damit auf die Bestände von Zahlungsmitteln und Schulden vertraut, übersieht den wichtigsten Teil – die Zahlungsvorgänge.

Auch die Erfolgsrechnung kann für die Frage der Zahlungsbereitschaft nur behelfsmässig beigezogen werden: In der Erfolgsrechnung sind eben nicht in erster Linie die Liquiditätsbewegungen – also Ein- und Auszahlungen – aufgeführt, sondern die Aufwände und Erträge. Zwischen der Erfassung eines Ertrags beispielsweise aus dem Verkauf eines Produkts und dem Eingang der Zahlung kann und wird in der Regel eine gewisse Zeit verstreichen. Zudem ist die Erfolgsrechnung auch bezüglich ihrer Gliederung nicht optimal auf die Liquiditätssteuerung ausgerichtet. Die Geld- oder Mittelflussrechnung springt in diese Lücke. Sie erlaubt eine beliebig genaue Darstellung der Liquiditätsvorgänge in der Vergangenheit und bildet gleichzeitig den Raster für die Planung der Zahlungsbereitschaft in der Zukunft (siehe Seite 88).

Vorschriften, die Sie beachten müssen

An sich ist es jedem Unternehmer, jeder Firmeninhaberin selbst überlassen, wie sie ihr Rechnungswesen ausgestalten. Ein gewisses Minimum ist aber im Schweizerischen Obligationenrecht (OR) vorgeschrieben. Und auch die Steuerbehörden haben ein Wörtchen mitzureden.

Im Schweizerischen Obligationenrecht ist der zweiunddreissigste Titel mit «Die kaufmännische Buchführung» überschrieben. In acht Artikeln (Art. 957 bis 963 OR) sind vor allem die Pflichten derjenigen Unternehmen aufgeführt, die eine Buchhaltung führen müssen: Welche Akten sind wie lange aufzubewahren? Wem muss Einblick in die Bücher gewährt werden? Zur Frage, wie die Buchhaltung geführt werden muss, findet sich im Gesetz aber relativ wenig.

Die kaufmännische Buchführung

Das Obligationenrecht verlangt, dass alle Unternehmen, die ins Handelsregister eingetragen werden müssen, auch eine Buchhaltung führen. Diese hat eine Anfangs- und eine Schlussbilanz, entsprechende Inventare und eine Erfolgsrechnung – im Gesetzestext «Betriebsrechnung» genannt – aufzuweisen (Art. 957 und 958 OR).

Im Handelsregister müssen – grob gesagt – alle Unternehmen eingetragen werden, die mit der Absicht geführt werden, dauerhaft Gewinn zu erzielen. Ausgenommen von der Eintragungspflicht sind nur kleine Betriebe, deren Umsatz insgesamt Fr. 100 000.– pro Jahr nicht übersteigt. Für bestimmte Tätigkeiten ist der Eintrag ins Handelsregister obligatorisch (zum Beispiel für Makler oder Agenten).

Zum Inhalt der Buchhaltung sind vor allem zwei Artikel des OR wichtig. Diese Vorschriften gelten für alle gewinnstrebigen Unternehmungen, unabhängig von ihrer Rechtsform.

— Bilanz und Erfolgsrechnung sollen gemäss **Artikel 959 OR** «nach allgemein anerkannten kaufmännischen Grundsätzen» aufgestellt werden und «einen möglichst sicheren Einblick in die wirtschaftliche Lage» geben. Das bedeutet insbesondere, dass eine doppelte Buchhaltung geführt werden muss – jede andere «Milchbüchlein-Rechnung» entspricht nicht den anerkannten kaufmännischen Grundsätzen – und dass die Buchhaltung auch über unangenehme Sachverhalte wie Verluste oder Liquiditätsknappheit Aufschluss geben muss.

— **Artikel 960 OR** sagt zudem, dass die Aktiven in der Bilanz höchstens zu dem Wert aufgeführt werden dürfen, «der ihnen ... für das Geschäft zukommt». Mit anderen Worten: Eine Überbewertung ist verboten, eine Unterbewertung zugelassen – allerdings nur so lange, wie dadurch die wirtschaftliche Lage des Unternehmens nicht krass falsch dargestellt wird.

Für Aktiengesellschaften (AG) und Gesellschaften mit beschränkter Haftung (GmbH) gelten zusätzlich zu den allgemeinen Bestimmungen detaillierte Gliederungs- und Bewertungsvorschriften, die ab Artikel 662 im OR zu finden sind.

Vorschriften des Steuerrechts

Unabhängig davon, ob Sie Ihre Firma im Handelsregister eintragen, um ein gewisses Mass an «Buchhaltung» werden Sie nicht herumkommen. Denn damit die direkten und indirekten Steuern korrekt deklariert werden können, braucht es eine Aufzeichnung der Geschäftsvorgänge.

Aufzeichnungspflicht Vorschriften zur Aufzeichnung der Geschäftsvorgänge finden sich unter anderem im Gesetz über die direkte Bundessteuer, in den kantonalen Steuergesetzen und im Mehrwertsteuergesetz. Die eidgenössische Steuerverwaltung gibt zudem ein Merkblatt heraus, das über die steuerliche Aufzeichnungspflicht von Selbständigerwerbenden orientiert (Bezugsquelle im Anhang). Auch die steuerrechtlichen Vorschriften laufen letzten Endes darauf hinaus, dass Unternehmerinnen und Unternehmer eine ordnungsmässige Finanzbuchhaltung führen sollten.

Bewertungsvorschriften In der Frage, wie die Aktiven und Passiven zu bewerten seien, zeigen sich zwischen den steuerrechtlichen und den handelsrechtlichen Vorschriften aber deutliche Differenzen: Erstens macht das Steuerrecht einen grossen Unterschied zwischen Geschäfts- und Privatvermögen. So lassen sich beispielsweise Abschreibungen auf dem Privatvermögen steuerlich nicht abziehen. Andererseits sind Kapitalgewinne auf Privatvermögen nicht steuerbar, auf Geschäftsvermögen hingegen schon. Vermögen, das zu unternehmerischen Zwecken genutzt wird, gilt immer als Geschäftsvermögen.

Zweitens enthält das Steuerrecht im Gegensatz zum Handelsrecht Mindestwertvorschriften. Die Absicht dabei ist klar: Durch massive Unterbewertung könnte eine Unternehmerin ihren Gewinn – jedenfalls eine gewisse Zeit lang – deutlich verkleinern und damit ihre direkten Steuern reduzieren. Im Detail unterscheiden sich die Regelungen von Kanton zu Kanton und auch der Bund hat eigene Vorschriften.

In der Praxis sind vor allem die steuerlichen Maximalabschreibungssätze von Bedeutung: Solange Ihre Abschreibungen sich in diesem Rahmen bewegen, akzeptiert sie die
Steuerbehörde ohne weitere Nachprüfung. Diese Maximalsätze sind
in Merkblättern festgehalten; das wichtigste wird von der eidgenössischen Steuerverwaltung herausgegeben: «Abschreibungen
auf dem Anlagevermögen geschäftlicher Betriebe». Sie finden
es im Anhang abgedruckt.

Liegt Ihr tatsächlicher Abschreibungsbedarf über dem Maximalsatz,
müssen die Steuerbehörden auch eine höhere Abschreibung akzeptieren. Den höheren Bedarf müssen Sie aber stichhaltig begründen
können; gute Argumente sind beispielsweise: Das Warenlager und
die Liegenschaft haben wegen eines Wasserschadens übermässig an
Wert verloren. Oder: Eine Maschine wurde unsachgemäss bedient
und dabei stark beschädigt.

Die Vorschriften im Überblick

— Für jedes Geschäftsjahr müssen Sie zwei Bilanzen – eine am
Anfang und eine am Schluss – vorlegen, dazu die entsprechenden Inventare sowie eine Erfolgsrechnung. Weder die Mittelflussrechnung noch eine Kostenrechnung sind gesetzlich
vorgeschrieben.
— Die beiden Bilanzen und die Erfolgsrechnung müssen es einer
fachkundigen Person ermöglichen, die finanzielle Situation Ihrer
Unternehmung abzuschätzen.
— AGs und GmbHs müssen zusätzlich detaillierte Gliederungs-
und Höchstbewertungsvorschriften beachten und können nicht
nach Belieben stille Reserven bilden und auflösen.
— In der Regel wird nach steuerlichen Gesichtspunkten – also zu
den zulässigen Maximalsätzen – abgeschrieben, da dies am
einfachsten ist. Bei wichtigen Aktiven sollten Sie zusätzlich überprüfen, ob dies dem tatsächlichen Wertverlust entspricht.

Die steuerlichen Maximalabschreibungssätze sind in der Regel auch betriebswirtschaftlich vernünftig und machen das Erstellen der Steuererklärung erheblich einfacher. Deshalb verwenden kleine und mittlere Firmen in der Regel diese Sätze. Trotzdem sollten Sie das Endresultat – das heisst den Buchwert nach Abschreibung – bei Ihren wichtigen Aktiven regelmässig überprüfen und falls notwendig zusätzlich abschreiben.

Brauchen auch Kleinfirmen ein Rechnungswesen?

Lässt sich ein Kleinbetrieb nicht auch ohne Zahlen führen? Ist der Nutzen des Rechnungswesens tatsächlich grösser als der damit verbundene Aufwand?

Die Antwort ist klar: Mit Ausnahme ganz weniger Fälle – Kleinstbetriebe und Unternehmer mit aussergewöhnlichem Talent – brauchen alle Betriebe wenigstens das im nächsten Kapitel beschriebene Minimum. Die Gründe dafür sind schnell aufgezählt:

— Aus steuerrechtlichen Gründen müssen Unternehmer eine Aufzeichnung der wirtschaftlichen Vorgänge vorlegen können. Ein professionelles Rechnungswesen ist letztlich der einzige Weg, dieser Verpflichtung korrekt nachzukommen. Wird Ihr Unternehmen im Handelsregister eingetragen, ist die «kaufmännische Buchführung» vorgeschrieben.

— Ihre Firma steht im Konkurrenzkampf. Wenn Sie persönlich auf die Vorteile des Rechnungswesens verzichten könnten – Ihre Mitbewerber werden es kaum tun und haben damit einen Vorsprung.

— Der Aufwand für das Rechnungswesen hat viel mit Ordnung und diszipliniertem Arbeiten zu tun – Eigenschaften, über die erfolgreiche Unternehmerinnen und Geschäftsführer ohnehin verfügen müssen. Falls Sie sich auch in den übrigen Aspekten Ihres unternehmerischen Lebens um Ordnung und Disziplin bemühen, dürfte Ihnen die Einführung und insbesondere das Betreiben des Rechnungswesens nicht allzu viel zusätzlichen Aufwand bescheren.

— Auch wenn Sie die Knochenarbeit an externe Fachleute vergeben: Für die wichtigsten Entscheide tragen Sie die Verantwortung. Sie müssen bestimmen, welche Instrumente in Ihrem Betrieb eingesetzt und wie sie strukturiert werden. Und vor allem: Sie müssen die richtigen Schlüsse aus den Ergebnissen ziehen. Dazu brauchen Sie mehr als nur eine vage Ahnung vom Rechnungswesen.

Die Instrumente des Rechnungswesens: ein Überblick

In der Regel beginnt man mit den gesetzlich minimal vorgeschriebenen Instrumenten, also mit dem Inventar, der Bilanz und der Erfolgsrechnung. Für Aktiengesellschaften und GmbHs kommen dazu noch der Anhang und der Jahresbericht. In kleineren Firmen reichen diese Instrumente am Anfang durchaus. Für betriebswirtschaftliche Sonderfragen – etwa für eine Kalkulation oder eine Liquiditätsüberprüfung – genügt es, ausserhalb der eigentlichen Buchhaltung eine Abschätzung vorzunehmen.

Nimmt die Sicherheit im Umgang mit den Instrumenten des Rechnungswesens zu, kann eine in die Finanzbuchhaltung integrierte einfache Kostenrechnung (zum Beispiel nur mit Kostenarten und Kostenträgern) oder eine Finanzplanung, die sich auf eine einfache Mittelflussrechnung stützt, ins Auge gefasst werden.

Die folgende Checkliste zeigt auf, welche Instrumente des Rechnungswesens buchführungspflichtige Firmen aus rechtlichen Gründen mindestens einsetzen müssen.

Checkliste: Vorgeschriebene Instrumente für buchführungspflichtige Unternehmen

Instrumente	Rechtsform	
	AG oder GmbH	Andere
Inventar	☑	☑
Anfangs- und Schlussbilanz	☑	☑
Erfolgsrechnung	☑	☑
Anhang	☑	☐
Jahresbericht	☑	☐
Kostenartenrechnung	☐	☐
Kostenstellenrechnung	☐	☐
Kostenträgerrechnung	☐	☐
Mittelflussrechnung	☐	☐
Finanzplanung	☐	☐

Finanzbuchhaltung: was alle brauchen

Die Informationen in diesem Kapitel helfen Ihnen, das Rechnungswesen in den Grundzügen zu verstehen. Sie werden nach dem Durcharbeiten noch nicht selber buchen können – das ist aber auch nicht notwendig. Wichtig ist, dass Sie als Entscheidungsträger den Aufbau und die Aussagekraft der Instrumente kennen, die Ergebnisse interpretieren und daraus Ihre Schlüsse ziehen können.

Die ersten Schritte

Das Erste, was ein Unternehmen braucht, ist eine Finanzbuchhaltung. Unter diesem Begriff werden die Instrumente zusammengefasst, welche die Beziehungen des Betriebs zur Aussenwelt abbilden. Sie stellen also das Unternehmen als Ganzes dar, ohne Details der Geschäftsprozesse wiederzugeben – dies ganz im Gegensatz zur Kostenrechnung, welche sich mit der mehr oder weniger detaillierten Abbildung der internen Vorgänge beschäftigt (siehe Seite 74).

Die Finanzbuchhaltung ihrerseits basiert auf dem Inventar, das zweimal pro Geschäftsjahr – am Anfang und am Schluss – aufgestellt werden muss.

Die Resultate der Finanzbuchhaltung sind die Bilanzen, die Erfolgsrechnung und die Mittelflussrechnung. Bilanz und Erfolgsrechnung werden gleich anschliessend besprochen. Die Mittelflussrechnung wird in einem separaten Kapitel erläutert (siehe Seite 88), da nicht alle Unternehmen eine solche brauchen und sich zudem die Art, wie sie aufgestellt wird, deutlich von der Bilanz und der Erfolgsrechnung unterscheidet.

Tipps für einen erfolgreichen Start

Falls Sie sich bisher nicht mit Zahlen auseinandergesetzt haben, sollten Sie folgende Hinweise beachten, damit Sie nicht nach kurzer Zeit frustriert aufgeben.

Realistische Zeitplanung Die zahlengestützte Führung einer Firma ist ein Handwerk, das gelernt werden kann und muss. Machen Sie einen Zeitplan und gehen Sie davon aus, dass Sie ein Geschäftsjahr lang Erfahrung mit der Buchführung sammeln werden. Das bedeutet, dass Sie sich selber in dieser Periode auch Fehler zugestehen müssen.

Learning by doing Wie Radfahren kann man auch Buchführung nicht nur in der Theorie erarbeiten. Beschaffen Sie sich ein günstiges Buchhaltungsprogramm für Ihren PC und beginnen Sie einfach mal! Sie werden aus Ihren Fehler lernen.

Damit fangen Sie an Sobald Sie sich mit der Materie und dem Buchhaltungsprogramm etwas vertraut gemacht haben, erledigen Sie als Erstes folgende Arbeiten:

— Erstellen des Kontenplans
— Aufnahme des Inventars und Erstellen der ersten Bilanz
— Verbuchung der laufenden Geschäfte

Nach etwa einem halben Geschäftsjahr können Sie versuchen, als Training einen ersten Abschluss zu erstellen – wenn Sie vorhaben, dies auch in Zukunft selber zu tun. Ansonsten lassen Sie sich beispielsweise von Ihrem Treuhänder einen einfachen Zwischenabschluss erstellen und besprechen diesen ausführlich mit ihm.

Das Inventar als Grundlage

Im Inventar werden alle Vermögenswerte und Schulden einer Firma für einen bestimmten Zeitpunkt detailliert mit Angabe der Anzahl und des Wertes aufgelistet.

Auf der Vermögensseite gehören dazu folgende Gruppen von Werten:

— Geld und Sichtguthaben (liquide Mittel; als Sichtguthaben werden diejenigen Guthaben bei Banken und Post bezeichnet, über die Sie jederzeit ohne Kündigungsfrist verfügen können)
— Forderungen gegen Kunden (also die Debitoren)
— Handelsvorräte
— Materialvorräte
— Mobiles Vermögen (Einrichtungen, Fahrzeuge etc.)
— Immobiles Vermögen (Liegenschaften, Gebäude etc.)

Die typischen Gruppen von Schulden, die in einem Inventar aufgeführt werden, sind etwa:

— Sichtforderungen der Banken und der Post (das sind Kontokorrentschulden)
— Längerfristige Darlehen
— Grundpfandgesicherte Kredite (also Hypotheken)

Für jede Gruppe wird festgestellt, was vorhanden ist und welcher Wert den einzelnen Vermögensgegenständen zugewiesen werden kann. Der Sinn eines solchen Inventars ist ein doppelter: Während der Inventur wird Schwund, Diebstahl, aber auch unerwarteter Mehrverbrauch entdeckt. Und aus der Auflistung wird für Sie detailliert ersichtlich, was sich zum Beispiel hinter dem Bilanzkonto «Mobilien» oder anderen Konti verbirgt.

Was ist eine Bilanz?

Die älteste Rechnung der Finanzbuchhaltung ist die Bilanz. Sie entsteht aus dem Inventar, listet ebenfalls alle werthaltigen Vermögensbestandteile auf, über die ein Unternehmen verfügt, und stellt ihnen die Schulden gegenüber.

Vermögen und Schulden werden durch ein T-förmiges Symbol, das sogenannte Kontenkreuz, getrennt. Die Differenz zwischen Vermögen und Schulden wird Reinvermögen genannt. Die Summe aller Vermögenspositionen ist deshalb immer gleich der Summe aller Schuldpositionen plus das Reinvermögen.

Aus dieser Bilanzgleichung ist denn auch der Name der Darstellung abgeleitet: Bilanz und das Wort Balance haben dieselbe Wurzel. Bilanz bedeutet ursprünglich «Waage» und

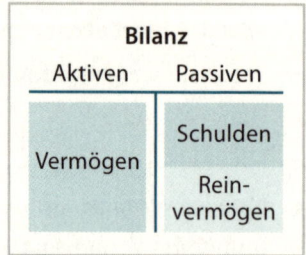

zwar eine, deren beiden Schalen – die linke und die rechte Seite in der Darstellung – gleich viel wiegen, also «ausbalanciert» sind. Die linke Seite (die Seite des Vermögens) wird in der buchhalterischen Sprache als **Aktivseite** bezeichnet, die rechte als **Passivseite**.

Im Unterschied zu einem Inventar, das neben der Bezeichnung der Vermögenswerte auch die physische Anzahl angibt – «Holzstühle klein, 10 Stück» –, sind in der Bilanz nur die Werte aufgeführt. Zudem werden Vermögen und Schulden stark zusammengefasst. Beispielsweise sind Stühle, Tische und das ganze übrige Mobiliar in der Regel in einem Eintrag «Mobilien» ausgewiesen.

Trennung von Privat und Geschäft

Eine wichtige Aufgabe jeder Unternehmensbilanz ist es, die klare Trennung zwischen Geschäfts- und Privatvermögen des oder der Eigentümer zu ermöglichen. Was in der Bilanz als Aktiven aufgeführt ist, ist für den geschäftlichen Einsatz gedacht. Vermögen der Eigentümer, das hier nicht erscheint, soll auch nicht für geschäftliche Zwecke verwendet werden.

Gerade in Kleinunternehmen wird dies oft nicht so genau genommen – mit eventuell unangenehmen Folgen: Die Trennung in Geschäfts- und Privatvermögen ist einerseits wichtig für die Steuererklärung, unter anderem, weil nur Geschäftsvermögen steuerwirksam abgeschrieben werden kann. Aber auch für die betriebswirtschaftliche Beurteilung der Unternehmung ist diese Unterscheidung zentral. Wird nicht sauber getrennt, riskieren Sie, dass Abschreibungen nicht akzeptiert werden oder dass Sie sich über den tatsächlichen Erfolg Ihrer Firma täuschen und entsprechend Gefahr laufen, Fehlentscheide für die Zukunft zu fällen.

Denise K. betreibt eine Änderungsschneiderei in einer Stadtliegenschaft, die sie von ihren Eltern geerbt hat. Im Erdgeschoss befinden sich der Verkaufsraum und der Arbeitsraum. Im ersten Stock lagert sie weitere Stoffe sowie Arbeitsstücke, ein

Zimmer ist als Büro ausgestattet. Im zweiten Stock wohnt sie. Frau K. hätte nun die Möglichkeit, ein Ladenlokal an besserer Lage zu mieten, das zudem alle geschäftlichen Aktivitäten auf einem Boden ermöglichen würde. Da sie in ihrer Buchhaltung aber die Liegenschaft nicht dem Geschäft zugewiesen hat und demzufolge die Abschreibungen, Zinsen und den Unterhalt nicht als teilweisen Geschäftsaufwand berücksichtigt, schreckt sie vor dem Mietzins am neuen Ort zurück. Ihr ist zwar bewusst, dass sie hier einen Überlegungsfehler macht, aber sie tröstet sich mit folgendem Argument: «Zwar ist es nicht korrekt, wenn ich in der Geschäftsbuchhaltung so tue, als würde mich die Liegenschaft nichts kosten. Aber wenn ich das neue Lokal zumiete, spare ich am alten Ort nichts und gebe bloss mehr Geld für die Miete aus – also mache ich sicher nichts falsch.»

Frau K. hat zwar Recht damit, dass sie nichts einspart durch die Auslagerung des Geschäfts in das neue Lokal. Sie vergisst aber, dass sie die frei werdenden Räume vermieten und dadurch Einnahmen generieren könnte. Das würde einen Teil der Mietzinsen wettmachen – den Rest müsste sie durch Mehrumsatz am besseren Standort erwirtschaften. Ob das möglich ist oder nicht, steht auf einem anderen Blatt – aber Frau K. kann diese Überlegung gar nicht anstellen, da sie nicht weiss, welche Kosten am alten Standort sie allenfalls auf einen Mieter überwälzen könnte.

Ordnung im Kontendschungel

Die einzelnen Einträge in einer Bilanz werden als Konti bezeichnet und nach einer gewissen Ordnung aufgeführt: Das Vermögen wird in zwei grosse Gruppen aufgeteilt:
— Umlaufvermögen
— Anlagevermögen

Im Umlaufvermögen sind diejenigen Vermögensbestandteile aufgeführt, die zum Weiterverkauf oder zum Verbrauch bestimmt sind. Im

Anlagevermögen wird aufgeführt, was zum länger dauernden Gebrauch, beispielsweise in der Produktion, bestimmt ist. Innerhalb von Umlauf- und Anlagevermögen stehen diejenigen Konti oben, die relativ schnell zu Geld gemacht werden können. Vermögen, das nur schwer verkäuflich ist, steht weiter unten. Da in der Schweiz zuerst das Umlauf- und dann das Anlagevermögen in der Bilanz aufgeführt wird, beginnen Bilanzen auf der Aktivseite also typischerweise mit einem Konto wie «Flüssige Mittel» oder «Kasse» und enden mit einem Konto wie «Immobilien».

Auch die Schulden werden unterteilt, nämlich nach ihrer Fälligkeit. Je kürzer die Frist einer konkreten Schuldposition, desto weiter oben steht sie auf der Passivseite der Bilanz:

— Kurzfristiges Fremdkapital
— Langfristiges Fremdkapital

Wo steht das Reinvermögen? Die grösste Schwierigkeit für ungeübte Bilanzleser ist die Position des Reinvermögens, das buchhalterisch als Eigenkapital bezeichnet wird. Da ja die positiven Posten, die Bestandteile des Vermögens, links auf der Aktivseite erscheinen und die negativen Posten, die Schulden, rechts auf der Passivseite aufgeführt sind, wird häufig geschlossen, dass das Reinvermögen – das Beste sozusagen – ebenfalls auf die Aktivseite gehört. Doch das Reinvermögen bzw. das Eigenkapital «gehört» ja gar nicht dem Unternehmen – das Unternehmen schuldet diesen Betrag den Eigentümern. Diese haben das Eigenkapital ursprünglich aufgebracht. Ist es durch Gewinne weiter angewachsen, dann nur, weil die Eigentümer auf die Ausschüttung vorläufig verzichtet haben. Unter gewissen Bedingungen könnten sie aber jederzeit eine Gewinnausschüttung verlangen oder sogar die Rückzahlung des gesamten Eigenkapitals und damit eine Liquidation der Firma erzwingen.

Kurz gesagt: Auch das Eigenkapital ist aus der Sicht des Unternehmens eine Art Schuld. Sie unterscheidet sich von den anderen Schulden vor allem dadurch, dass kein vorher abgemachter Tilgungstermin besteht und dass in der Regel bei gutem Geschäftsgang auch keine vollständige Rückzahlung vorgesehen ist.

Aussagen der Bilanz

Die Bilanz liefert beispielsweise Antworten auf folgende Fragen:

— Welche Infrastruktur steckt im Unternehmen? Das ist aus dem Anlagevermögen ersichtlich.
— Womit arbeitet der Betrieb, wenn er seine Leistung erstellt, was verbraucht er? Dies sehen Sie im Umlaufvermögen.
— Woher kam das Geld, um das Anlage- und Umlaufvermögen zu kaufen? Die Antwort steht auf der Passivseite.
— Welche Arten von Schulden hat die Unternehmung? Im Fremdkapital sind sie nach Art und Umfang detailliert aufgeführt.

Leider beantwortet die Bilanz diese Fragen im Grund genommen nur an einem Tag, am Bilanzstichtag, korrekt. Da der Betrieb aber laufend Ressourcen verbraucht, neue zukauft, Schulden zurückzahlt und neue aufnimmt, verändert sich die Struktur von Vermögen und Schulden ebenfalls ständig.

Strukturiertes Festhalten von Veränderungen: die Buchungsregeln

In der Buchhaltung werden die Veränderungen von Vermögen und Schulden einer Firma in strukturierter Form erfasst. Kennzeichnend für die buchhalterische Erfassung solcher Vorgänge ist, dass eine Veränderung in der Bilanz immer zwei Konti gleichzeitig betrifft.

Eine GmbH kauft Vorräte für Fr. 4000.– und bezahlt bar. Dadurch wird der Kassenbestand vermindert (erstes Konto). Vorausgesetzt, dass die Vorräte nicht überteuert eingekauft wurden, ist der Gegenwert der Zahlung als Zunahme im Konto Vorrat (zweites Konto) zugeflossen.
→ Der Verminderung einer Vermögensposition kann die Vermehrung einer anderen gegenüberstehen.

Eine AG tilgt einen Teil der Hypothek auf den Immobilien per Banküberweisung. Dadurch nimmt das Bankguthaben ab (erstes Konto). Gleichzeitig und in gleicher Höhe nimmt die Hypothekarschuld ab (zweites Konto). Die Differenz zwischen Vermögen und Schulden – das Reinvermögen – bleibt gleich.

→ Der Verminderung einer Vermögensposition kann die Verminderung einer Schuldposition gegenüberstehen.

Eine Kollektivgesellschaft erhält ein Darlehen in bar. Dadurch erhöht sich der Kassenbestand. Gleichzeitig führt dies aber zu einem Schuldzuwachs. Die Differenz zwischen Vermögen und Schulden verändert sich hingegen nicht.

→ Der Vermehrung einer Vermögensposition kann die Vermehrung einer Schuldposition in gleicher Höhe gegenüberstehen.

Die Beratungsfirma F. erhält die Honorare für geleistete Beratungsstunden (Fr. 50 000.–) per Postüberweisung eingezahlt. Dadurch nimmt das Postcheckguthaben der Beratungsfirma zu. Wo aber ist die Gegenposition? Da die Zahlung einging, ohne dass dafür Waren abgegeben wurden, liegt eine Vermehrung des Reinvermögens vor.

→ Der Vermehrung einer Vermögensposition kann eine Zunahme des Reinvermögens in gleicher Höhe gegenüberstehen.

Die Beratungsfirma F. zahlt die Löhne der Mitarbeiter per Banküberweisung (Fr. 40 000.–). Das Bankguthaben nimmt ab. Und die Gegenposition? Wieder bleibt nichts anderes als eine Buchung im Reinvermögen. Das ist völlig korrekt: Die Zahlung kann in der Regel nicht zurückgefordert werden. Da die Löhne nach Erbringen der Arbeitsleistung ausgezahlt werden, besteht auch kein Anspruch gegenüber den Mitarbeitern – die Unternehmung ist durch die Lohnzahlung tatsächlich «ärmer» geworden.

→ Der Verminderung der Vermögensposition «Bankguthaben» kann eine Abnahme im Reinvermögen in gleicher Höhe gegenüberstehen.

Vom Geschäftsvorgang zum Buchungssatz Die Beispiele könnten beliebig fortgesetzt werden. Wesentlich ist, dass konkrete Fälle so lange in einzelne Vorgänge – sogenannte Buchungstatsachen – zerlegt werden, bis sich diese zwei Konti zuordnen lassen. Dies zeigt sich etwa an den beiden letzten Beispielen: Die Honorareinnahme für Beratungsleistungen und die Lohnzahlung an die Berater werden separat erfasst. Für die buchhalterische Erfassung sind nur wenige Aspekte eines Geschäftsfalls wesentlich: die beiden betroffenen Konti, ihre Reihenfolge und der Betrag. Das Beispiel auf Seite 34, der Vorratseinkauf, wird deshalb als Buchungssatz folgendermassen dargestellt:

→ Vorrat / Kasse 4000.–

Gelesen wird dieser Buchungssatz: Vorrat **an** Kasse 4000 Franken. Die buchhalterische Tradition legt dabei fest, dass im ersten Vermögenskonto eine Wertzu- und im zweiten eine Wertabnahme vorliegt. Das Wort «an» darf nicht im normalen Sinn aufgefasst werden: Es fliesst nichts von den Vorräten an die Kasse. «An» trennt lediglich das Konto, in dem im Soll gebucht wird, von dem, in dem im Haben verbucht wird (siehe Seite 38).

Was ist eine Erfolgsrechnung?

Die interessantesten Geschäftsfälle sind natürlich diejenigen, welche das Reinvermögen verändern. Anders als oben der Einfachheit halber dargestellt, wird in solchen Fällen aber nicht direkt ins Konto Reinvermögen gebucht. Das würde – bei der Menge an solchen Buchungen – schnell unübersichtlich.

Buchungstatsachen, die das Reinvermögen vergrössern, werden in sogenannten **Ertragskonti** gebucht. Der Buchungssatz für das Beispiel mit den Honorarzahlungen (siehe Seite 35) lautet:

→ Postcheck / Beratungsumsatz 50 000.–

Entsprechend werden Buchungstatsachen, die das Reinvermögen verkleinern, in **Aufwandkonti** gegengebucht. Der Buchungssatz für das Beispiel mit den Lohnzahlungen (Seite 35):

→ Lohnaufwand / Bank 40 000.–

Erfolgsrechnung	
Aufwand	Ertrag
Rein-vermögens-schwund	Rein-vermögens-zuwachs
Reingewinn	

Werden alle Aufwand- und Ertrags-konti am Schluss eines Jahres zu-sammengestellt, entsteht die Er-folgsrechnung. Sie sieht in ihrer einfachsten Form sehr ähnlich aus wie die Bilanz. Auch in der Erfolgs-rechnung gilt eine Gleichung: Der Reinvermögenszuwachs ist gleich dem Reinvermögensschwund plus dem Reingewinn.

Der **Reingewinn** ist also nichts anderes als die Nettoveränderung des Reinvermögens, die auf die Geschäftstätigkeit des Unterneh-mens zurückzuführen ist. Er kann auf zwei Arten berechnet werden (siehe unten stehende Grafik):

— Über die Erfolgsrechnung als Differenz von Aufwand und Ertrag

— Über die Differenz des Reinvermögensbestands in der Bilanz am Anfang eines Geschäftsjahrs und derjenigen am Schluss

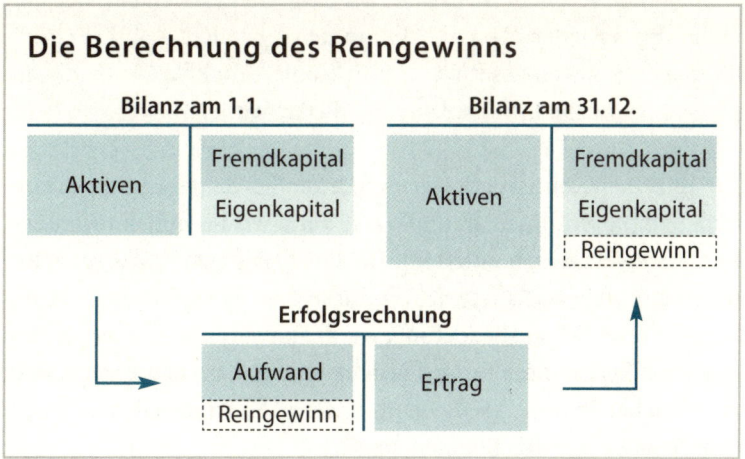

Die Berechnung des Reingewinns

Im Anhang finden Sie Beispiele für die Bilanz und die Erfolgsrechnung. Diese können Sie als Excel-Tabelle von der Homepage des Beobachters herunterladen und an Ihre Bedürfnisse anpassen.
Ihr Link: **www.beobachter.ch/finanzen36412008**

Das Kontensystem

Die laufende Verbuchung basiert, wie dargestellt, auf einer Einzelabrechnung für jeden Geschäftsfall in den einzelnen Konti. Erst im Rahmen des Abschlusses werden die Konti – konkret ihre Saldi – in die Bilanz und die Erfolgsrechnung übertragen.

Die einzelnen Konti werden wiederum ähnlich dargestellt wie die Bilanz und die Erfolgsrechnung. Das Konto wird durch ein Kontenkreuz in zwei Hälften unterteilt. Die linke Hälfte wird **Soll** genannt, die rechte **Haben**. Es ist wichtig, diese deutschen Bezeichnungen nicht in ihren Alltagsbedeutungen aufzufassen: Ein Eintrag im Haben eines bestimmten Kontos bedeutet nicht, dass in diesem Konto etwas zu haben wäre. Die Bedeutungen von Soll und Haben ergeben sich vielmehr aus den Buchungsregeln:

— In Aktiv- oder Vermögenskonti werden der Anfangsbestand und die Zugänge links, auf der Sollseite, verbucht, die Abgänge rechts, im Haben. Die Differenz zwischen linker und rechter Kontoseite – Saldo genannt – gibt an, wie viel Mittel zu einem bestimmten Zeitpunkt im Unternehmen vorhanden sind.

— In Passiv- oder Schuldenkonti werden Anfangsbestand und Zugänge rechts, im Haben, die Abgänge links, im Soll, verbucht.

— In Ertragskonti werden Wertzuflüsse rechts, im Haben, verbucht, Wertabflüsse (die sogenannten Ertragsminderungen) stehen links, im Soll. Die Differenz gibt an, wie viel Werte im Geschäftsjahr netto zugeflossen sind.

— In Aufwandkonti werden entsprechend die Aufwände oder Wertabflüsse links (im Soll) und die Aufwandsminderungen rechts (im Haben) verbucht.

Mehr Übersicht dank Kontenrahmen

An sich könnte jeder Unternehmer für seine Geschäftsfälle selber passende Konti erfinden. Aus Gründen der Übersichtlichkeit werden jedoch geordnete Musterkataloge, sogenannte Kontenrahmen, verwendet. Solche Kontenrahmen definieren eine gemeinsame Sprache und haben in der Ausbildung von Buchhaltern sowie in der Praxis eine grosse Bedeutung. In der Schweiz werden vor allem zwei Kontenrahmen benutzt:

— der ältere Käfer-Kontenrahmen für Gewerbe-, Industrie- und Handelsunternehmungen

— der neuere KMU-Kontenrahmen

In den meisten Fällen dürfte der KMU-Kontenrahmen passen. Der umfangreichere Käfer-Kontenrahmen lässt sich zwar auch abspecken, richtet sich aber doch eher an mittlere und grössere Unternehmen.

Kontennummern sind bedeutungsvoll Neben der Liste der Kontenbezeichnungen umfasst ein Kontenrahmen auch eine Anleitung zur Vernummerung der Konti. Die Kontennummern werden in der Regel als «sprechende Schlüssel» ausgestaltet, das heisst: Aus der Nummer lassen sich Rückschlüsse auf die Kontenbezeichnung ziehen; jede Stelle trägt eine Bedeutung (siehe Kasten).

 Die Kontennummer 1210 wird nach dem KMU-Kontenrahmen folgendermassen interpretiert:
— Die erste Stelle (1) gibt an, dass es sich um ein Aktivkonto handelt.
— Die zweite Stelle (2) zeigt, dass das Konto Vorräte betrifft.
— Die dritte und vierte Stelle (10) geben an, dass es sich um das Rohstoff-Vorratskonto handelt. Andere Endziffern betreffen Handelswarenvorräte, Verbrauchsmaterialvorräte etc.

Die kundige Buchhalterin sieht also der Kontennummer 1210 sofort an, was hier verbucht wird. Die Nummer «spricht» und ist nicht zufällig oder einfach fortlaufend gewählt.

Bedeutung der 1. Stelle der Kontennummer im KMU-Kontenplan

1... Aktiven
2... Passiven
3... Betriebsertrag aus Lieferungen und Leistungen
4... Waren-, Material- und Dienstleistungsaufwand
5... Personalaufwand
6... Sonstiger Betriebsaufwand
7... Betriebliche Nebenerfolge
8... Ausserordentliche und betriebsfremde Erfolge, Steuern
9... Abschlusskonti

Der Kontenplan Ihres Unternehmens

Kontenrahmen sind quasi strukturierte Vorlagen für die Erstellung eines unternehmensindividuellen Kontenplans. Da sie ganz unterschiedlichen Unternehmen dienen sollen, enthalten sie eine Reihe von Konti, die Sie für Ihren Betrieb nicht brauchen. Haben Sie sich für einen Kontenrahmen entschieden, müssen Sie deshalb zuerst eine Liste derjenigen Konti erstellen, die Sie verwenden wollen. So erhalten Sie Ihren Kontenplan, eine abschliessende Aufzählung aller in Ihrer Buchhaltung verfügbaren Konti. Da alle Konti aus demselben Kontenrahmen abgeleitet und systematisch aufeinander abgestimmt sind, können damit alle Geschäftsvorfälle korrekt und sinnvoll verbucht werden.

Ausgangspunkt für den Kontenplan Ihrer Unternehmung ist die Frage: Was soll in meiner Bilanz und meiner Erfolgsrechnung zu sehen sein? Neben den gesetzlichen Mindestvorschriften für AGs und GmbHs ist dabei vor allem Ihr persönliches Informationsbedürfnis massgeblich.

Verschiedene Buchhaltungsprogramme enthalten bereits vorgefertigte Kontenpläne, die Sie für die Bedürfnisse Ihrer Unternehmung abwandeln können.

Geschäftsfälle und ihre Verbuchung

Mit dem Kontenplan steht dem Unternehmen ein Raster zur Verfügung, der es erlaubt, sämtliche Wertveränderungen oder Wertverschiebungen zu erfassen.

Ausgangspunkt ist dabei immer ein tatsächlicher Vorgang. Doch nicht alle Vorgänge in einer Firma sind auch buchungsrelevant:

— Der Eingang einer Zahlung ist buchungsrelevant – es fliessen dem Unternehmen quantifizierbare Werte zu.

— Die Ankündigung einer neuen Produktreihe ist primär buchungsirrelevant – es fliessen (noch) keine Werte zu oder ab und auch die Zusammensetzung des Vermögens hat sich nicht verändert.

Erfolgsneutrale und erfolgswirksame Geschäftsfälle

Alle buchungsrelevanten Vorgänge werden mithilfe von Buchungssätzen in der Buchhaltung widergespiegelt. Eingeteilt werden sie aus buchhalterischer Sicht in erfolgsneutrale und erfolgswirksame Geschäftsfälle.

Erfolgsneutrale Geschäftsfälle ändern nichts am «Wert» einer Unternehmung. Sie berühren zwei Bilanzkonti:

— Bilanzverlängerung: zum Beispiel Kauf einer Maschine gegen Kredit (Konto Maschinen und Konto Kreditoren)

— Bilanzkürzung: zum Beispiel Tilgung einer Schuld durch Barzahlung (Konto Darlehen und Konto Liquide Mittel)

— Aktivtausch: zum Beispiel Kauf einer Maschine gegen Barzahlung (Konto Maschinen und Konto Liquide Mittel)

— Passivtausch: zum Beispiel Tilgung einer Schuld durch die Aufnahme einer neuen (Konto Darlehen und beispielsweise Konto Hypotheken)

Erfolgswirksame Geschäftsfälle haben eine Auswirkung auf das Reinvermögen der Unternehmung. Sie berühren ein Bilanz- und ein Erfolgsrechnungskonto:

— Aufwand: zum Beispiel Überweisung der Miete (Konto Mietaufwand und Konto Liquide Mittel)

— Aufwandminderung: zum Beispiel Gutschrift Ihres Lieferanten
für Umsatzrabatt (Konto Kreditoren und Konto Warenaufwand)

— Ertrag: zum Beispiel Rechnung für Ihre Leistungen
(Konto Debitoren und Konto Umsatz)

— Ertragsminderung: zum Beispiel nachträgliche Preisminderung
auf Ihrer Rechnung wegen Mängeln (Konto Rabatte und
Konto Debitoren)

Verbuchung der laufenden Geschäftsaktivitäten

Unter dem Geschäftsjahr werden vor allem Geschäftsaktivitäten verbucht, die den Zahlungsverkehr betreffen: Einnahmen, Ausgaben,
Verschicken von Rechnungen und Eingang von Rechnungen. Grundlage für eine Buchung bildet jeweils ein Beleg, auf dem ersichtlich ist,
welchen Grund die Zahlung oder Rechnung hat, wie hoch der Zah-
lungs- bzw. Rechnungsbetrag ist und wann die Zahlung bzw. Rech-
nungsstellung erfolgt.

Bei solchen Buchungen besteht die Schwierigkeit lediglich darin,
den Geschäftsfall in einen oder mehrere Buchungssätze zu «giessen».
Konkret bedeutet dies:

— Identifikation der betroffenen Konti

— Festlegen, welches Konto im Soll und welches
im Haben bebucht werden soll

Da es um Zahlungen bzw. Rechnungen geht, müssen Sie dagegen in
der Regel keine Überlegungen zum Betrag anstellen: Der im Beleg
ausgewiesene Betrag wird auch so gebucht (Details zur Buchung siehe
Seite 53).

Überlegungen beim Abschluss

Weil die Finanzbuchhaltung Aufschluss über die gesamte Geschäftstätigkeit einer bestimmten Periode – eines Geschäftsjahrs – geben
soll, müssen darin auch Wertflüsse berücksichtigt werden, die in
der betreffenden Periode noch nicht oder nicht mehr zu Zahlungen
führen.

Firmeninhaberin Wanda K. kaufte am Anfang des Geschäftsjahrs ein Auto. Der Kauf wurde erfolgsneutral als Bilanzverlängerung gebucht (Fahrzeuge/Kasse). Das Auto wurde während
des ganzen Geschäftsjahrs intensiv benutzt und hat an Wert verloren. Am Ende des Geschäftsjahrs ist deshalb der Bestand im Konto
Fahrzeuge zu hoch. Um dies zu korrigieren und im Konto Fahrzeuge eine Zahl auszuweisen, die dem tatsächlichen Wert des Autos
entspricht, muss abgeschrieben werden. Es wird ein Wertabfluss
gebucht, ohne dass eine Zahlung ausgelöst wird.
→ Buchungssatz: Abschreibungsaufwand/Fahrzeuge

Unternehmer Tino R. weiss, dass jeweils ein bestimmter
Prozentsatz seiner Produkte kleine Mängel aufweist, die zu
Garantieforderungen führen können. Aufgrund der Erfahrungen
aus früheren Jahren schätzt er ab, wie viele Garantieforderungen auf
die Auslieferung im laufenden Geschäftsjahr eingehen müssten –
unabhängig davon, ob die Kunden den Mangel schon entdeckt und
die Forderung gestellt haben. Für die erwarteten, aber noch nicht
eingetroffenen Garantieforderungen bildet er eine Rückstellung,
eine Art abstrakte Forderung ohne konkreten Gläubiger.
→ Buchungssatz: Garantieaufwand/Rückstellungen.

Bei den Abschlussbuchungen stellen sich also zusätzlich auch Be-
wertungsfragen: Wie hoch ist der Wertverlust des Autos bzw. sein
Restwert anzusetzen? Wie werthaltig sind die Debitoren? Wie hoch
sind die Forderungen, die künftig noch gestellt werden und die ihre
Ursache im jetzt abzuschliessenden Geschäftsjahr haben?

Da in solchen Fragen ein grosser Ermessensspielraum besteht, kommt es auch immer wieder vor, dass beispielsweise Rückstellungen zu hoch angesetzt wurden. Es empfiehlt sich, in folgenden Rechnungsperioden diese überschüssigen Rückstellungen wieder aufzulösen (Rückstellungen / ausserordentlicher Ertrag).

Wie häufig soll der Abschluss erstellt werden?

Das Gesetz verlangt, dass pro Geschäftsjahr ein Abschluss erstellt wird – jedenfalls so lange, wie ein Unternehmen nicht in ernsthaften finanziellen Schwierigkeiten steckt. Führen Sie keine Kostenrechnung (siehe Seite 74) und ist Ihr Betrieb nicht sehr einfach aufgebaut, sollten Sie sich aber überlegen, ob Sie nicht auch Halbjahres- oder gar Quartalsabschlüsse vornehmen wollen. Auch hier müssen Sie Kosten und Nutzen gegeneinander abwägen:

— Je häufiger Sie Zwischenabschlüsse erstellen, desto früher erkennen Sie Schieflagen und können allenfalls noch eingreifen, bevor das Geschäftsjahr vorbei ist.

— Auf der anderen Seite ist die Erstellung und vor allem die Interpretation der Zwischenabschlüsse recht aufwendig und setzt ein hohes Verständnis des Rechnungswesens voraus.

Die Aufgaben beim Abschluss

— Nachbuchen von bisher noch nicht erfassten Aufwänden und Erträgen (insbesondere bei der Offenposten-Buchhaltung, siehe Seite 54)
— Bewertung der Bilanzbestände (Debitoren, Vorräte, Anlagevermögen)
— Entscheid über die Bildung oder Auflösung von Rückstellungen
— Entscheid über die Bildung oder Auflösung von stillen Reserven (siehe Seite 64)

In kleinen Unternehmen ist die Erstellung von Halbjahres-abschlüssen nach Bedarf – also wenn konkrete Hinweise auf mögliche Probleme vorliegen – die Lösung der Wahl. Quartals- oder gar Monatsabschlüsse verursachen sehr viel Aufwand, ohne dass Sie als Entscheidungsträger Ihre Entscheide deswegen viel fundierter fällen können.

Aussagen für die Zukunft

Sobald Sie mit der Erstellung und Interpretation von Abschlüssen besser vertraut sind, können Sie versuchen, die Bilanz und die Erfolgsrechnung für das nächste Geschäftsjahr abzuschätzen: Viele Aufwandpositionen kommen ja regelmässig wieder (Miete, Löhne der Angestellten etc.) oder sie lassen sich zuverlässig aus dem geschätzten Geschäftsgang ableiten (zum Beispiel der Waren- und Materialaufwand). Solange Sie keine grösseren Umstellungen vorhaben, in der Art und Weise, wie Sie Ihr Geschäft betreiben, ist das durchaus eine empfehlenswerte Planungsvariante.

Wenn Sie allerdings ein grösseres Wachstum – oder auch eine Reduktion – beabsichtigen, wenn Sie neue Produkte ins Sortiment aufnehmen oder neue Märkte bedienen wollen, reicht eine Planung, die im Wesentlichen im Fortschreiben der vergangenen Perioden besteht, nicht mehr. Sie sollten dann eine wirkliche Finanzplanung einführen, die insbesondere auch die Liquiditätsvorgänge – wann brauche ich wie viel Geld? – besser abbildet. Hinweise dazu finden Sie im Kapitel «Die Finanzplanung» (siehe Seite 95).

Effiziente Organisation

Das Rechnungswesen ist darauf angewiesen, dass die Daten rechtzeitig und in der richtigen Qualität zur Verfügung stehen. Der beste Kontenplan, die modernste Software nützen nichts, wenn Rechnungen und andere Belege in einer Schublade liegen bleiben. Soll die Datengewinnung nicht zur Qual werden, müssen die Abläufe geplant und sauber organisiert sein.

Datenfluss und Ablage

Eine gute Ordnung in den Belegen bedeutet nicht nur, dass bei der anschliessenden Arbeit Zeit und Nerven gespart werden, sie ist auch von grossem Vorteil, wenn später Fragen zum Beispiel im Zusammenhang mit den Steuern auftreten. Sind die Belege sauber geführt, steigt das Vertrauen von Externen, beispielsweise Banken, in die Aussagekraft des Abschlusses.

Die Belege treffen in der Regel per Post ein (Rechnungen von Lieferanten, Mietabrechnungen etc.) oder sie werden selber erstellt (Rechnungen, die Sie Ihren Kunden schicken). Vor allem bei den eingehenden Rechnungen empfiehlt es sich, diejenigen, die noch nicht auf ihre Richtigkeit geprüft sind, von den bereits kontrollierten zu trennen. Ein einfaches Ablagesystem mit verschiedenen Schubladen hilft bei geringem Platzbedarf, die Arbeit effizient zu organisieren. Praktisch ist zudem ein Stempel mit dem Eingangsdatum, da gelegentlich die auf den Belegen vermerkten Daten stark vom tatsächlichen Eingangstag abweichen.

Effizienter Datenfluss

1. Sammeln der Belege
2. Prüfen der Belege
3. Kontieren der Belege
4. Verbuchen der Belege
5. Ablegen der Belege
6. Erstellen des Abschlusses
7. Ablegen des Abschlusses und der Abschlussbelege (gemäss Gesetz mindestens zehn Jahre lang)

Kontierung einfach gemacht

Die Belege müssen als Erstes darauf geprüft werden, ob die angegebenen Mengen und Preise tatsächlich den Abmachungen entsprechen. Belege mit Unstimmigkeiten – Qualitätsmängel, falsche Preise, Rechenfehler – werden aussortiert und abgeklärt. Belege, die am Abschluss-Stichtag noch Unklarheiten enthalten, werden gesondert von den anderen im Zusammenhang mit den Abschlussbuchungen erfasst.

Anschliessend werden die Belege kontiert. Die Informationen darauf werden analysiert und es wird festgelegt, welche Konti betroffen sind. Dabei hilft ein Kontierungsstempel, die Übersicht zu bewahren. Da gelegentlich auf einem Beleg mehrere buchungsrelevante Tatsachen zu finden sind, enthält er mehrere Zeilen.

 Schmuckdesignerin Cornelia J. hat einen Weiterbildungskurs besucht und erhält eine Rechnung, auf der folgende Posten aufgeführt sind:

Kurs A-258

Kursgebühr	220.–
Frühstück und Lunch	50.–
Übernachtung pauschal	150.–
Total inkl. MWST	420.–

Die Schmuckdesignerin will in ihrer Buchhaltung zwischen Weiterbildungsaufwand (Konto 5810), Verpflegungskosten (Konto 5821) sowie Übernachtungsspesen (Konto 5822) unterscheiden – nicht zuletzt aus steuerlichen Gründen. Die Rechnung wird deshalb wie folgt kontiert:

Kontonummer	Betrag
5810	220.–
5821	50.–
5822	150.–

Falls die Buchhaltungssoftware entsprechend eingerichtet ist, werden aufgrund einer solchen Kontierung die Vorsteuerabzüge für die Mehrwertsteuerabrechnung korrekt vorgenommen, sodass sich die Unternehmerin darum nicht mehr zu kümmern braucht.

Die eigenen Rechnungen – ein Problem

Nicht selten bilden die Rechnungen für die eigenen Leistungen eine Schwachstelle im Unternehmen. Finanzprobleme in kleineren Firmen haben häufig eine Ursache darin, dass nicht konsequent und diszipliniert Rechnung gestellt und gemahnt wird – sei es aus allgemeinem Zeitmangel, sei es aus Angst, die Kunden zu verärgern. In diesem Zusammenhang sollten Sie sich gelegentlich vor Augen führen, dass die Zufriedenheit der Kunden nur so lange an erster Stelle stehen kann, wie Ihr Betrieb überlebt. Das Überleben wiederum hängt

---

Checkliste: Organisation des Datenflusses

Habe ich festgelegt, wie und wo ich die Belege sammle? ☐
Habe ich ein zweckmässiges Ablagesystem, in dem die unverarbeiteten, die geprüften, die kontierten und die verbuchten Belege separat aufbewahrt werden?

Habe ich fixe Termine eingeplant, an denen ich die Belege kontiere und an denen ich verbuche? ☐

Habe ich fixe Termine eingeplant, an denen ich Rechnungen und Mahnungen schreibe? ☐

Verfüge ich über die nötigen Bürohilfsmittel (Ordner und Ablagekästchen, Eingangsstempel, Kontierungsstempel und Schrankraum)? ☐

Habe ich genug Platz, um die Belege und Abschlüsse für vergangene Geschäftsjahre zu archivieren? ☐

---

entscheidend davon ab, dass die erbrachten Leistungen möglichst rasch bezahlt werden.

💡 Es empfiehlt sich sehr, vierzehntäglich oder mindestens monatlich Rechnungen und Mahnungen zu schreiben und im selben Rhythmus auch zu überprüfen, ob die gestellten Rechnungen bezahlt wurden.

Problemen vorbeugen Am besten vermeiden Sie Probleme mit Kundenzahlungen, indem Sie von Anfang an klare Zahlungsziele vereinbaren. Bei grösseren Aufträgen lohnt es sich, die Bonität des Geschäftspartners vor Vertragsabschluss zu prüfen.

💡 Der Beobachter-Ratgeber «So kommen Sie zu Ihrem Geld. Fordern, betreiben, klagen – wie Gläubiger richtig vorgehen» zeigt Ihnen nicht nur, was Sie gegen säumige Zahler vorkehren können, sondern enthält auch viele praktische Tipps zum Vermeiden von Zahlungsproblemen (www.beobachter.ch/buchshop).

Das Verbuchen des Verkehrs

Produktionsabläufe, Kundentermine, Verhandlungen mit Lieferanten, Gespräche mit Mitarbeitern – gerade in kleineren Firmen fehlt oft die Zeit für Buchungsarbeiten. Und doch muss der Zahlungsverkehr erfasst sein. Wichtig ist, ein System zu finden, das Sie möglichst wenig Aufwand kostet, und dieses dann durchzuhalten.

Grundsätzlich gibt es zwei Möglichkeiten, den Zahlungsverkehr zu erfassen:
— Bei der laufenden Verbuchung werden die Belege gebucht, sobald sie geprüft sind.
— Bei der Offenposten-Buchhaltung wird erst gebucht, wenn Zahlungsvorgänge stattfinden.

Der Vorteil der Offenposten-Buchhaltung besteht darin, dass deutlich weniger Buchungssätze erstellt werden müssen. Der Nachteil ist, dass ein kleiner Mehraufwand beim Abschluss entsteht.

In kleineren Betrieben, wo die Belege ohnehin nicht täglich verbucht werden, ist die Offenposten-Buchhaltung einfacher. Der Unterschied zwischen den beiden Systemen wird in den folgenden Beispielen klar.

Offenposten-Buchhaltung

Sie stellen Ihren Kunden monatlich Rechnung. Die Rechnungskopien legen Sie in einem Ordner «Offene Rechnungen 2008» ab. Wenn Sie von der Bank die Gutschriftanzeigen erhalten, verbuchen Sie die Beträge:
→ Bank / Umsatz

Die Kopien der bezahlten Rechnungen werden nach dem Buchen aus dem Ordner «Offene Rechnungen 2008» in einen zweiten Ordner «Bezahlte Rechnungen 2008» umklassiert.

Am Schluss des Geschäftsjahrs sehen Sie die noch offenen Rechnungen im Ordner durch, bewerten sie und addieren sie auf, was beispielsweise einen Betrag von Fr. 21 000.– ergibt. Aus der Eröffnungsbilanz sehen Sie, dass am Anfang des Geschäftsjahrs insgesamt Fr. 20 000.– Debitoren offen waren. Sie haben also für Fr. 1000.– mehr Umsatz gemacht, als Zahlungen eingegangen sind. Deshalb müssen Sie die Debitoren nun auf den Schlussbestand von Fr. 21 000.– korrigieren:
→ Debitoren / Umsatz 1000.–

Damit steht im Konto Debitoren der korrekte Endbestand von Fr. 21 000.–; im Konto Umsatz sind alle Bareinnahmen plus die noch nicht eingegangenen, aber bereits in Rechnung gestellten Fr. 1000.– aufgeführt.

Laufende Verbuchung

Sobald Sie eine Rechnung wegschicken, kontieren und verbuchen Sie bei dieser Methode den Beleg (die Rechnungskopie):

→ Debitoren / Umsatz

Wenn die Bankgutschrift eintrifft, verbuchen Sie die Zahlung:

→ Bank / Debitoren

Die Rechnungen sortieren Sie wie bei der Offenposten-Buchhaltung nach «offen» und «bezahlt». Am Ende des Geschäftsjahrs bewerten Sie die noch offenen Rechnungen und korrigieren den Wert der Debitoren, wenn Sie befürchten, dass ein Teil der Ausstände nicht bezahlt wird:

→ Debitorenverluste / Debitoren

Rechnungswesen im Haus oder extern?

Ob Sie die Instrumente des Rechnungswesens gleich selber bedienen oder ob Sie dies an eine interne oder externe Fachkraft delegieren, ist eine individuelle Entscheidung, die von Ihren persönlichen Vorlieben, aber auch von der Struktur Ihres Unternehmens abhängt.

In kleinen Betrieben ist die Entscheidung, wer «die Buchhaltung» erledigt, häufig eine reine Kostenfrage: Am günstigsten ist es oft, wenn dies ein mitarbeitendes Familienmitglied oder die Lebenspartnerin übernimmt. Allerdings sollte diese Person zumindest einen Buchhaltungslehrgang absolviert haben.

Sobald Ihr Unternehmen aber so gross ist, dass Sie ein Organigramm brauchen, wenn Sie also anfangen, die Arbeit auf verschiedene spezialisierte Angestellte aufzuteilen – dann kommt der Moment, da Sie auch für die administrativen Tätigkeiten speziell ausgebildete Mitarbeiter brauchen oder diese Tätigkeiten vergeben. Spätestens dann, wenn Sie nicht mehr der einzige Vorgesetzte in Ihrem Unternehmen sind, also Führungsunterstützung brauchen – und auch bezahlen können –, sollten Sie zumindest die Verbuchung des Verkehrs und die Vorbereitung des Abschlusses in die Hände von Spezialisten geben.

Ob Sie Finanzfachleute anstellen oder mit externen Partnern zusammenarbeiten, ist nicht nur eine Frage der Kosten, sondern auch Ihrer persönlichen Unternehmensstrategie: Interne Lösungen gewährleisten einen hohen Grad an Vertraulichkeit und Einfluss, verursachen aber auch den vollen, mit Personal verbundenen administrativen Aufwand. Externe Lösungen sind häufig kostenmässig flexibler, dafür insgesamt etwas teurer, und die ausführenden Personen sind Ihnen nicht direkt unterstellt.

Falls Sie selber buchen möchten, führt an einem Buchhaltungslehrgang nichts vorbei. Sie können dabei auf ein Lehrbuch zum Selbststudium zurückgreifen (siehe Literaturempfehlung im Anhang) oder einen entsprechenden Kurs besuchen.

Die richtigen Finanzspezialisten finden

Entscheiden Sie sich, das Rechnungswesen ganz oder teilweise von einer externen Fachkraft erledigen zu lassen, geben Sie einen zentralen Teil Ihres Unternehmens in fremde Hände. Umso wichtiger ist es, dass Sie Ihren «Finanzer» sorgfältig auswählen. Sie werden von mehreren möglichen Partnern Offerten einholen und ausführliche Gespräche führen. Achten Sie vor allem auf folgende vier Punkte.

Kriterium 1: Ausbildung Nur für simpelste Arbeiten – etwa das Verbuchen von Belegen oder das Erstellen einfachster Abschlüsse – reicht eine allgemeine kaufmännische Ausbildung. Sobald Sie auch Unterstützung in wichtigen Grundsatzfragen brauchen, sollten Sie auf Personen mit einer Zusatzausbildung und einschlägiger Erfahrung zurückgreifen. In der Schweiz gibt es für die Treuhandbranche zwei Organisationen: die Schweizerische Treuhand-Kammer und den Schweizerischen Treuhänder-Verband (Adressen im Anhang). Firmen, die einem dieser Verbände angehören, bieten Gewähr, dass die Personen, welche letztlich die Verantwortung tragen, über eine angemessene Ausbildung verfügen. Beide Verbände führen Mitgliederlisten, die Sie konsultieren können.

Kriterium 2: Erfahrung Eine mehrjährige Erfahrung mit Kunden Ihrer Grösse und wenn möglich aus Ihrer Branche ist unschätzbar wertvoll. Denken Sie aber daran, dass es unter Treuhändern aus Diskretionsgründen unüblich ist, Referenzlisten abzugeben. Versuchen Sie sich deshalb im Gespräch mit einem möglichen Partner ein Bild von dessen Verständnis Ihrer Branche und Ihrer Probleme zu machen. Wichtig ist auch, dass Ihr Partner Erfahrung mit Mandaten aus Ihrem Kanton hat. Denn gerade im Bereich der Steuern bestehen grosse kantonale Unterschiede.

Kriterium 3: persönlicher Eindruck Einer Person, die Einblick in Ihre Zahlen hat, müssen Sie unbedingt vertrauen können. Zudem sollte Ihre Treuhänderin es auch wagen, Ihnen unangenehme Tatsachen vor Augen zu halten – Sie suchen deshalb eine seriöse und unabhängige Persönlichkeit mit gutem Urteilsvermögen. Laden Sie allenfalls zum Gespräch mit einer Spezialistin, die in die engere Wahl kommt, auch eine Person ein, auf deren Menschenkenntnis Sie vertrauen.

Kriterium 4: Infrastruktur Führen Sie mindestens ein Gespräch mit einem möglichen Partner an seinem Arbeitsort durch, damit Sie seine Arbeitsumgebung kennenlernen. Arbeitsdisziplin und Ordnung zeigen sich nicht nur in den Zahlen ... Zudem können Sie bei dieser Gelegenheit abklären, welche Fachliteratur im Zugriff ist, wie sich die EDV-Ausstattung präsentiert und wie die Erreichbarkeit gewährleistet ist.

Checkliste: Auswahl eines externen Spezialisten

Verfügt der Partner über die notwendige Ausbildung? ☐

Hat die Partnerin Erfahrung mit Unternehmen meiner Branche und Grösse? Kennt sie die kantonalen Vorschriften? ☐

Ist der persönliche Eindruck positiv? Stimmt die Chemie? ☐

Ist die Arbeitsumgebung technisch und organisatorisch in Ordnung? ☐

Und der Preis? Natürlich haben ein guter Treuhänder, eine kompetente Spezialistin ihren Preis. Häufig wird ein Teil der Arbeiten zu einem Fixpreis, ein anderer nach Aufwand abgerechnet. Denken Sie daran, dass bei Arbeiten nach Aufwand der Preis nicht nur vom Stundenansatz bestimmt wird, sondern auch von den aufgewendeten Stunden. Gut ausgebildete, erfahrene Spezialisten verrechnen zwar häufig höhere Stundensätze, brauchen aber unter Umständen weniger Zeit.

Bestehen Sie auch bei Arbeiten, die nach Aufwand abgerechnet werden, auf einer Schätzung der Gesamtsumme und vereinbaren Sie ein Kostendach sowie eine monatliche Abrechnung über aufgelaufene Stunden.

Welche Ausbildung sollte der externe Partner mitbringen?

Nach der kaufmännischen Grundausbildung und einigen Jahren Praxiserfahrung legen Rechnungswesenspezialisten als Erstes Fach- bzw. Berufsprüfungen ab, die sie zur Führung entsprechender Bezeichnungen berechtigen. Interessant für Unternehmer und Firmeninhaberinnen sind vor allem:

— Fachmann/-frau im Finanz- und Rechnungswesen mit eidgenössischem Fachausweis (früher: Buchhalter/in mit eidgenössischem Fachausweis)
— Treuhänder/in mit eidgenössischem Fachausweis

Darüber stehen die höheren Fachprüfungen. Als Berater in einem kleinen oder mittleren Betrieb eignen sich in erster Linie:

— Diplomierte/r Steuerexperte/in
— Diplomierte/r Treuhandexperte/in
— Diplomierte/r Wirtschaftsprüfer/in (früher diplomierte/r Bücherexperte/in)

Wichtig: Praxiserfahrung Zugelassen zu den Fachprüfungen und höheren Fachprüfungen ist nur, wer eine spezifische Praxiserfahrung nachweisen kann. Wenn Sie also beispielsweise als Beraterin eine Treuhänderin mit eidgenössischem Fachausweis engagieren, können Sie davon ausgehen, dass diese nicht nur theoretisches Wissen mitbringt, sondern auch über mindestens vier Jahre kaufmännische Praxis verfügt. Eine vollständige Liste der anerkannten höheren Berufsausbildungen erhalten Sie beim Bundesamt für Berufsbildung und Technologie BBT (Adresse im Anhang).

Eine andere Möglichkeit ist es, eine Absolventin oder einen Absolventen betriebswirtschaftlicher Studiengänge an Universitäten und Fachhochschulen zu engagieren. Je nach Fächerwahl verfügen auch diese über ein ausreichendes Fachwissen im Finanz- und Rechnungswesen. Erkundigen Sie sich aber detailliert nach den konkreten Studieninhalten und der Praxiserfahrung.

Finanzielle Führung für Fortgeschrittene

Stille Reserven, Kostenstellen und Kostenträger, Mittelflussrechnung und Cashflow – Begriffe, hinter denen sich effiziente
Instrumente für die Führung Ihres Unternehmens verbergen.
Was es damit auf sich hat und wie Sie diese Instrumente auch in
einem kleineren Betrieb effizient einsetzen, erfahren Sie auf
den folgenden Seiten.

Interne und externe Rechnung

Gelegentlich werden in einer Firma zwei Abschlüsse erstellt. Der erste ist für den internen Gebrauch bestimmt, der zweite für die Information nach aussen.

Die beiden Abschlüsse unterscheiden sich typischerweise im Detaillierungsgrad – der externe ist weniger detailliert als der interne – und in den Bewertungsansätzen – im externen wird mit stillen Reserven gearbeitet, im internen mit den echten Zahlen. Der Grund für diesen zusätzlichen Aufwand liegt in den Auswirkungen, die ein Abschluss gegenüber Dritten hat:

— Die Steuerberechnung basiert auf dem Abschluss.

— Dividendenansprüche der Aktionäre basieren auf dem Abschluss.

— Stellen Sie ein Kreditgesuch, wird der Abschluss von den Banken analysiert.

— Wird der Abschluss öffentlich zugänglich gemacht, beeinflusst er auch das Image der Unternehmung.

Erstellt eine Firma zwei Abschlüsse, erhält einerseits die Geschäftsleitung mit den internen Zahlen ein möglichst genaues und ungeschminktes Bild. Andererseits können im externen Abschluss alle zulässigen Möglichkeiten der Abschreibung, der Bildung und Auflösung von Rückstellungen und Wertberichtigungen ausgenützt werden (siehe Seite 64).

Aufwand und Nutzen abwägen

So attraktiv dies auf den ersten Blick erscheint: Der Aufwand für das Führen zweier Abschlüsse darf nicht unterschätzt werden. Man kann nämlich nicht einfach die internen Zahlen nach Belieben mit

Checkliste: Lohnt sich ein zusätzlicher externer Abschluss?

Handelt es sich bei meinem Betrieb um eine AG, deren Aktien ☐
zu einem grossen Teil (mindestens 30 %) im Besitz von Personen
sind, die nicht mit der Geschäftsleitung betraut sind?

Ist mein Unternehmen aus anderen Gründen gezwungen, ☐
den Abschluss regelmässig einem breiteren Kreis von Aussenstehenden zugänglich zu machen?

Sind die betriebswirtschaftlich notwendigen Abschreibungen ☐
regelmässig sehr viel tiefer als die steuerlich zulässigen?

Wenn Sie auf mindestens zwei dieser Fragen mit Ja antworten, rechtfertigt sich der Aufwand für einen internen und einen externen Abschluss.

Tintenkiller und Tippex «schönen» und so einen externen Abschluss
fabrizieren. Die gesetzlichen Bestimmungen gelten ja streng genommen nur für den externen, den «offiziellen» Abschluss; gerade
dieser muss also «nach allgemeinen kaufmännischen Grundsätzen»
erstellt sein. Soll er dieser Anforderung gerecht werden, muss er entweder durch korrekte Buchungen aus dem internen Abschluss hergeleitet sein – oder umgekehrt. Kurz gesagt: Es entsteht mindestens
der doppelte Aufwand. Ob sich dies für Sie rechtfertigt, sehen Sie in
der oben stehenden Checkliste.

Vorteile der externen Rechnung

Wenn in Ihrem Unternehmen Personen dividendenberechtigt sind,
die sich nicht in der Geschäftsleitung engagieren, müssen Sie eventuell ein Ausschüttungsmanagement ins Auge fassen. Über den externen Abschluss können Sie steuern, welcher Gewinn ausgewiesen
wird und welche Dividenden maximal bezahlt werden.

Durch Justierung des Gewinns lässt sich einerseits vermeiden, dass Aussenstehende der Unternehmung im falschen Moment zu viel flüssige Mittel abziehen. Andererseits kann durch die Auflösung von stillen Reserven in schlechten Zeiten dem berechtigten Bedürfnis der Aktionäre nach einer möglichst gleichmässigen und planbaren Dividende Rechnung getragen werden. Ähnliches gilt für den Fall, dass andere Aussenstehende die Jahresrechnung sehen wollen. Der Jahresgewinn ist oft von ausserordentlichen Ereignissen beeinflusst. Durch eine Glättung des Gewinns (mithilfe der Bildung und Auflösung stiller Reserven) können allzu grosse Schwankungen, die sich negativ aufs Image auswirken, aufgefangen werden.

Schliesslich ist die externe Rechnung für die Steuerveranlagung massgeblich. Mit der Bildung von steuerlich zulässigen stillen Reserven lässt sich erlaubte Steueroptimierung betreiben.

Spielen mit stillen Reserven

Bekanntlich ist es in der Schweiz nach wie vor erlaubt, stille Reserven zu bilden und aufzulösen und damit das Eigenkapital und den Gewinn zu beeinflussen. Was aber sind stille Reserven?

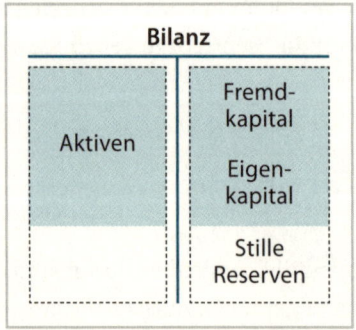

Stille Reserven hat ein Unternehmen, wenn Aktiven zu tief oder Fremdkapital zu hoch ausgewiesen werden. Die Zusammenhänge zeigt die nebenstehende Grafik: Die Buchwerte sind farbig angegeben, die tatsächlichen Werte, die in der Bilanz nicht sichtbar sind, gestrichelt.

Während auf der Aktivseite der Bilanz praktisch jede Position mit Ausnahme der liquiden Mittel zur Bildung von stillen Reserven herhalten kann, sind es auf der Passivseite meist nur die Rückstellungen. Die restlichen Positionen im Fremdkapital haben ja fast alle einen objektiv feststellbaren Wert – es handelt sich um Schulden, die genau bezifferbar sind. Hier besteht kaum Ermessensspielraum.

Beliebige Manipulation der Buchhaltung?

Gebildet werden stille Reserven, indem man beispielsweise auf dem Fahrzeugpark mehr abschreibt, als der tatsächliche Wertverlust beträgt, oder indem man eine Rückstellung bucht, ohne dass diese betriebswirtschaftlich notwendig wäre. Bei der Bildung von stillen Reserven ist immer auch die Erfolgsrechnung betroffen: Vom erwirtschafteten Ertrag wird – neben dem Aufwand für Material, Löhne, Miete etc. – auch der Abschreibungsaufwand und der Aufwand für die Bildung von Rückstellungen abgezogen. Der Gewinn wird also tiefer ausgewiesen.

Das scheint Tür und Tor für beliebige Manipulationen zu öffnen. Tatsächlich lassen sich durch Bildung und Auflösung von stillen Reserven die Aussagen der Buchhaltung – insbesondere der Gewinn und das Eigenkapital – verändern. Neben den rechtlichen Grenzen (siehe Seite 71) sind allerdings ein paar «technische Finessen» zu beachten. Sonst können die Manipulationen auch unerwartete Ergebnisse zeitigen, wie die nächsten Abschnitte zeigen.

Stille Reserven auf Rückstellungen

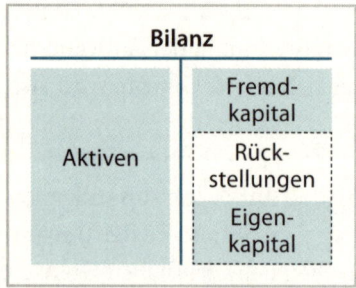

Dies ist der einfachste Weg, stille Reserven zu bilden: Die Rückstellungen werden höher angesetzt, als sie aller Voraussicht nach sein müssten. Der Teil der Rückstellungen, der betriebswirtschaftlich nicht notwendig ist, gehört eigentlich ins Eigenkapital. In der Abbildung wird der Einfachheit halber angenommen, die ganzen Rückstellungen seien als stille Reserven anzusehen.

Die Galeristin Meret V. plant eine Ausstellung, bei der
sie auch zwei Gemälde von international bekannten Künst-
lerinnen zeigen wird. Frau V. geht damit ein gewisses Risiko ein,
dass die Gemälde gestohlen werden könnten. Dafür möchte sie eine
angemessene Rückstellung bilden. Wie hoch muss diese sein?

Die Galeristin kann Folgendes überlegen: Der maximale Schaden
bei einem Diebstahl beträgt Fr. 300 000.– (Einkaufswert der Bilder
plus mögliche Schäden an Fenstern und Türen). Allerdings ist das
Risiko, dass ein Einbruch stattfindet, sehr klein und liegt vielleicht
bei 1 %. Zudem ist die Galeristin versichert. Im schlimmsten Fall – so
nimmt sie an – wird der Versicherer nur die Hälfte des Schadens
übernehmen, weil er ihr ein Mitverschulden zur Last legt. Daraus
ergibt sich folgende Schadensberechnung: Fr. 300 000.– (maximaler
Schaden) minus Fr. 150 000.– (erwartete Versicherungszahlung) multipliziert mit 1 % (Einbruchswahrscheinlichkeit) ergibt Fr. 1500.–. Die
Rückstellung muss also Fr. 1500.– betragen.

Die Galeristin kann aber auch anders überlegen: Wenn der Einbruch tatsächlich stattfindet und der Versicherer überhaupt nichts
übernimmt, verliert sie Fr. 300 000.–. Übernimmt der Versicherer
wenigstens die Hälfte, beträgt der Schaden Fr. 150 000.–. Findet der
Einbruch gar nicht statt, verliert sie nichts.

 Meret V. kommt also auf vier mögliche Werte für die Rück-
stellung: Fr. 300 000.–, Fr. 150 000.–, Fr. 1500.– und
Fr. 0.–, je nachdem, welche Annahmen sie über die Zukunft trifft.
Sie entscheidet sich für den zweithöchsten Wert, obwohl sie
damit einen unwahrscheinlichen Fall berücksichtigt, und bucht:
→ Übriger Aufwand / Rückstellungen 150 000.–

Da während der Ausstellung nicht eingebrochen wird, hat Frau V. stille
Reserven von Fr. 150 000.– gebildet. Wenn sie die Rückstellung
nach der Ausstellung nicht auflöst, liegt ihr ausgewiesener Gewinn
in diesem Geschäftsjahr um Fr. 150 000.– unter dem tatsächlichen, ebenso das Eigenkapital. Auf diese Reserve kann die Galeristin

in einem mageren Geschäftsjahr zurückgreifen und die Rückstellung wieder auflösen. Sie bucht:

→ Rückstellung / ausserordentlicher Ertrag 150 000.–

So vergrössert Meret V. den Gewinn des betreffenden Geschäftsjahrs und verschleiert ihren Verlust. Das Eigenkapital der Galerie wird ab diesem Zeitpunkt wieder korrekt ausgewiesen.

Das Steueramt redet mit In der Praxis wird die Höhe einer solchen Rückstellung massgeblich von den steuerlichen Auswirkungen bestimmt (siehe Seite 73). Da nicht zu erwarten ist, dass die Steuerbehörden bei einer kleinen Galerie die Rückstellung von Fr. 150 000.– akzeptieren, wird die Inhaberin vermutlich entweder gar keinen Betrag zurückstellen – das Risiko ist ja äusserst gering – oder dann eine Rückstellung in der Grössenordnung von Fr. 1500.– vornehmen und diese auch wieder auflösen, sobald klar ist, dass sie nicht benötigt wird.

Stille Reserven auf Anlagevermögen

Der Glaceproduzent Heiner E. kauft einen kleinen Lieferwagen für Fr. 60 000.–. Dieser kann während fünf Jahren genutzt werden und hat am Schluss praktisch keinen Wert mehr. Betriebswirtschaftlich sollten also rund Fr. 12 000.– pro Jahr abgeschrieben werden. Um stille Reserven zu bilden, beschliesst Herr E., stattdessen jeweils Fr. 20 000.– abzuschreiben. Nach drei Jahren ist das Fahrzeug vollständig abgeschrieben und hat von da an einen Buchwert von 0.

Die Wertentwicklung des Fahrzeugs in der realen Welt und in den Büchern von Herrn E. zeigt die nebenstehende Grafik. Es fällt auf, dass die stillen Reserven – der Unterschied zwischen dem tatsächlichen und dem Buchwert, dargestellt durch die Schraffur – zwar am Anfang und bis zum Jahr 3 anwachsen, dann aber wieder rapide

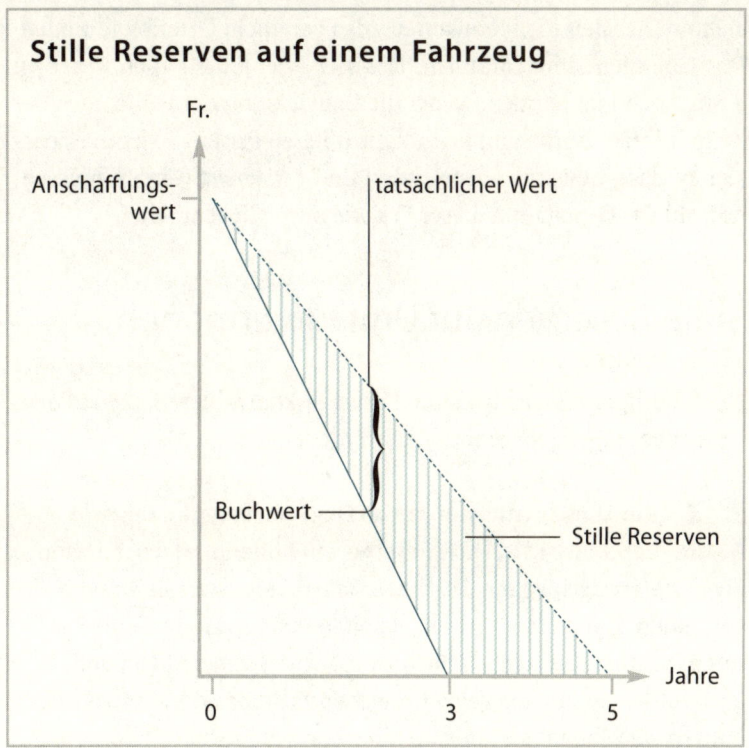

Stille Reserven auf einem Fahrzeug

Fr.

Anschaffungs-
wert

tatsächlicher Wert

Buchwert

Stille Reserven

Jahre

0   3   5

schrumpfen und bis ins Jahr 5 sogar vollständig verschwinden. Das kommt daher, dass eben in den ersten Jahren die Abschreibungen – verglichen mit dem tatsächlichen Wertverlust des Fahrzeugs – zu gross, anschliessend aber zu klein gebucht werden. Im Jahr 4 und 5 verliert ja der Lieferwagen weiterhin je Fr. 12 000.– an Wert, doch können dafür keine Abschreibungen mehr vorgenommen werden.

Da die Bildung stiller Reserven den Gewinn verkleinert und ihre Auflösung den Gewinn vergrössert, führt die zu schnelle Abschreibung dazu, dass der Gewinn der Jahre 1, 2 und 3 zu tief, derjenige der Jahre 4 und 5 aber zu hoch ausgewiesen wird.

Nicht kontrollierbar Die Lehre daraus: Auf dem Anlagevermögen gebildete stille Reserven lösen sich in der Regel automatisch wieder auf. Eine Ausnahme bilden lediglich Vermögensbestandteile, die sich mit der Zeit nicht entwerten, also vor allem Grund und Boden. Das Unangenehme daran ist, dass sich, wenn die stillen Reserven einmal gebildet wurden, weder die Entwicklung der Höhe noch der Zeitpunkt der Auflösung mehr kontrollieren lassen. So kann es passieren, dass Gewinne ausgewiesen und versteuert werden müssen, obwohl das Geschäft in dieser Periode mit Verlust arbeitet.

Stille Reserven auf Umlaufvermögen

Noch weniger lassen sich stille Reserven kontrollieren, die auf dem Umlaufvermögen vorgenommen werden.

Das Übersetzungsbüro von Diana L. läuft gut. Deshalb beschliesst sie, stille Reserven zu bilden und den Gewinn etwas tiefer auszuweisen. Da Frau L. kein nennenswertes Anlagevermögen besitzt, fängt sie an, die offenen Rechnungen – die Debitoren – unterzubewerten. Obwohl die Kunden regelmässig und anstandslos zahlen und keine Anzeichen sichtbar sind, dass sich dies ändern wird, bucht sie künftig, wie wenn ein Ausfallrisiko von 10 % zu befürchten wäre. Eine offene Rechnung im Betrag von Fr. 200.– wird also um Fr. 20.– wertberichtigt und mit einem Buchwert von nur Fr. 180.– in der Bilanz aufgeführt.

Auf den ersten Blick sieht das nach einer sicheren Möglichkeit aus, Gewinne zuverlässig zu verstecken. Eine nähere Betrachtung zeigt aber sofort, dass auch hier die Kontrolle über den Gewinnausweis schnell verloren geht. In der nebenstehenden Tabelle sind die entscheidenden Zahlen für ein paar Jahre zusammengestellt. Da das Geschäft gut läuft, nimmt der Umsatz zu – und mit ihm auch die Debitoren. Im Jahr 2 beschliesst Frau L. deshalb, konsequenter zu fakturieren, und kann die Debitoren so zurückführen.

Da die Zunahme der stillen Reserven eine Gewinnverkleinerung, eine Abnahme hingegen eine Gewinnvergrösserung bedeutet, wird sofort deutlich, dass der ausgewiesene Gewinn wild um den tatsächlichen Wert schwankt: Im Jahr 1 werden Fr. 1000.– weniger ausgewiesen, als tatsächlich erwirtschaftet, im Jahr 3 hingegen Fr. 400.– mehr. Auch diese Schwankung ist nicht kontrollierbar: Solange die Übersetzerin am Bewertungsgrundsatz (90 % vom tatsächlichen Wert) festhält, schwanken ihre stillen Reserven von selber, wenn der Debitorenbestand sich verändert.

Die Lehre daraus: Stille Reserven auf dem Umlaufvermögen bilden sich automatisch und lösen sich ebenso automatisch auch wieder auf, wenn der entsprechende Bestand (Debitoren, Vorräte etc.) schwankt.

Stille Reserven auf Debitoren

		Debitoren	Stille Reserven	
Jahr	Tatsächlicher Wert	Buchwert	Bestand	Veränderung
0	8000.–	8000.–	0	0
1	10 000.–	9000.–	1000.–	+ 1000.–
2	16 000.–	14 400.–	1600.–	+ 600.–
3	12 000.–	10 800.–	1200.–	– 400.–

Vorschriften des Handelsrechts

Ganz abgesehen vom Sinn und Unsinn – dem Spiel mit den stillen Reserven sind auch in rechtlicher Hinsicht Grenzen gesetzt: Im Handelsrecht sind Unterbewertungen grundsätzlich zulässig (siehe Seite 20). Auf den ersten Blick scheint der Gesetzestext im OR kaum etwas zu den Grenzen der Manipulation zu sagen. Doch er verweist auf die «allgemeinen kaufmännischen Grundsätze». Diese nun sagen zu den stillen Reserven durchaus etwas aus: Sie machen nämlich einen Unterschied zwischen Zwangs-, Ermessens- und Willkürreserven.

— Zu **Zwangsreserven** sind Unternehmen gesetzlich verpflichtet. Das prominenteste Beispiel sind Liegenschaften: Nach OR darf eine AG ihre Liegenschaften höchstens zum Anschaffungswert bilanzieren. Steigt der tatsächliche Wert einer Liegenschaft über diesen Anschaffungswert, bildet das Unternehmen Zwangsreserven: Der Buchwert der Liegenschaft ist aus rechtlichen Gründen tiefer als der tatsächliche Wert.

— **Ermessensreserven** werden gebildet, wenn der Gewinn bzw. das Eigenkapital zwar zu tief ausgewiesen wird, dafür aber eine sachliche Begründung vorliegt. Die Galeristin aus dem Beispiel auf Seite 67, die ihre Rückstellung zu hoch angesetzt hat, kann immerhin argumentieren, dass niemand das Diebstahlrisiko genau beziffern könne und sie deshalb – statt den wahrscheinlichen Fall anzunehmen – einfach den schlimmsten Fall in der Buchhaltung berücksichtigt habe.

— **Willkürreserven** liegen dann vor, wenn keine sachlich gerechtfertigte Begründung mehr besteht. Hätte die Galeristin die Rückstellung mit der ausschliesslichen Absicht gebildet, Dritte über den wahren Gewinn und das wahre Eigenkapital zu täuschen, ohne sich über wahrscheinliche Risiken Rechenschaft abzulegen, hätte sie willkürlich gehandelt.

Das Problem liegt natürlich darin, dass der Unterschied zwischen Ermessens- und Willkürreserven «von aussen» nur schwer zu erkennen ist. Er liegt weder in der Art und Weise, wie die stillen Reserven gebildet wurden, noch in der Höhe oder in einer anderen objektiv feststellbaren Eigenschaft. Der Unterschied besteht im Kopf der Per-

---

Zulässig oder nicht?

— Zwangsreserven, die aus gesetzlichen Gründen gebildet werden, sind selbstverständlich zulässig.
— Ermessensreserven sind zulässig.
— Willkürreserven sind nicht zulässig.

son, die entscheidet, ob und wie viel stille Reserven gebildet werden sollen. Wollte sie Aussenstehende täuschen oder einfach nur einen zwar unwahrscheinlichen, aber nicht unmöglichen schlimmsten Fall berücksichtigen?

Das sagt das Steuerrecht

Anders als das Handelsrecht setzen die steuerlichen Vorschriften der Manipulation mit stillen Reserven enge Grenzen: Abzugsberechtigt ist nur geschäftsmässig begründeter Aufwand. Damit ist Aufwand, der durch die Bildung von Willkürreserven entsteht, von vornherein steuerlich irrelevant – bei Willkürreserven gibt es eben gerade keine geschäftsmässige Begründung. Auch die Steuerbehörde steht aber vor dem Problem, dass von aussen kaum zwischen Willkür- und Ermessensreserven unterschieden werden kann.

Unversteuerte und versteuerte stille Reserven In der Praxis behilft man sich mit einer Vereinfachung: Solange die Maximalabschreibungssätze nicht überschritten werden, akzeptiert das Steueramt die Abschreibungen als Aufwand, unabhängig davon, ob sie betriebswirtschaftlich notwendig sind oder teilweise zur Bildung von stillen Reserven führen. Solche stillen Reserven nennt man unversteuerte stille Reserven, da es vorerst gelungen ist, die an sich geschuldete Gewinnsteuer zu vermeiden.

Übersteigen die Abschreibungen die steuerlichen Maximalsätze, wird der überschiessende Teil in der Steuerveranlagung nicht als Aufwand akzeptiert, sondern zum Gewinn bzw. zum Eigenkapital gerechnet und besteuert. Da die handelsrechtliche Erfolgsrechnung deswegen nicht umgeschrieben wird, entstehen versteuerte stille Reserven.

Bedeutsam wird dieser Unterschied bei der Auflösung der stillen Reserven. Die Auflösung von unversteuerten stillen Reserven hat direkte Auswirkungen auf die Höhe der nächsten Steuerrechnung – der Buchgewinn, der entsteht, ist steuerbarer Gewinn. Werden hingegen versteuerte stille Reserven aufgelöst, entsteht zwar ebenfalls ein Buchgewinn, doch dieser wird nicht von der Steuer erfasst. Das Steueramt hat ja bereits bei der Bildung eingegriffen.

💡 Bildung und Auflösung von stillen Reserven führen – neben anderen Problemen – auch dazu, dass die Steuerdeklaration bedeutend komplizierter werden kann. Schon aus diesem Grund empfiehlt es sich sehr, bei der Bildung von stillen Reserven nur im eng gesteckten Rahmen der steuerlichen Bewertungsvorschriften vorzugehen, um keinen Unterschied zwischen handels- und steuerrechtlichen Werten in der Bilanz und der Erfolgsrechnung heraufzubeschwören.

Die Kostenrechnung

Ziel der Kostenrechnung ist es festzustellen, welche Kosten die Geschäftstätigkeit verursacht hat, ob sie sich überhaupt ausgezahlt hat. Denn nicht alle Aufwände – und auch nicht alle Erträge – eines Unternehmens sind tatsächlich auf die Geschäftstätigkeit zurückzuführen. Die Umrechnung von Aufwänden in Kosten nennen die Fachleute Abgrenzung.

In einem zweiten Schritt können die Kosten dann auf einzelne Produkte oder Produktegruppen – Kostenträger genannt – umgelegt werden, um zu ermitteln, welche Zweige der Geschäftstätigkeit wie gut rentiert haben.

Lohnt sich der Aufwand?

In sehr kleinen Betrieben, in denen zudem nicht übermässig mit stillen Reserven gearbeitet wird, gibt bereits die Erfolgsrechnung recht gut Aufschluss über die Kostensituation. Durch eine geschickte Gliederung lässt sich diese Transparenz sogar noch verbessern. Es ist beispielsweise üblich und richtig, wenn betriebliche und ausserbetriebliche Erträge und Aufwände in der Darstellung getrennt werden (siehe Beispiele im Anhang). Diese betrieblichen Aufwände sind eine recht gute Näherung an die tatsächlichen Kosten.

Wann aber empfiehlt es sich, neben der Finanzbuchhaltung eine Kostenrechnung zu führen? Entscheidungshilfe bietet die folgende Checkliste.

Checkliste: Brauche ich eine Kostenrechnung?

Wird in meiner Finanzbuchhaltung häufig nach nicht betriebs- ☐
wirtschaftlichen Kriterien bewertet? Werden Aufwand und
Ertrag nach bilanzkosmetischen Gesichtspunkten gebucht und
entsprechen in wesentlichem Ausmass nicht den tatsächlichen Wertflüssen?

Brauche ich eine genaue Übersicht pro Monat/Quartal/Semester ☐
über die auf meinen Produkten angefallenen Kosten und
Erträge? Brauche ich diese Informationen für mehr als nur, um
Preislisten oder Offerten erstellen zu können?

Biete ich tatsächlich verschiedene Produkte an, die ich im ☐
Prinzip auch unabhängig voneinander verkaufe? Wäre es denkbar, nur noch eines oder wenige anzubieten und andere
sehr rasch ganz aufzugeben?

Nur wenn Sie alle drei Punkte mit Ja beantworten, lohnt sich der Aufwand für eine separate Kostenrechnung. Ansonsten greifen Sie bei konkretem Informationsbedarf – beispielsweise wenn Sie eine Offerte oder eine Preisliste erstellen wollen – besser auf die Zahlen der Finanzbuchhaltung zurück und führen die Kalkulation mit Schätzwerten durch. Die Zahlen sind dann zwar ungenauer, der administrative Aufwand sinkt jedoch gewaltig und Sie gewinnen Zeit, beispielsweise für Kundengespräche.

Kosten der Geschäftstätigkeit

Auf der Aufwandseite der Erfolgsrechnung ist ersichtlich, welche Werte in einer Rechnungsperiode aus dem Unternehmen abgeflossen sind. Der Erfolgsrechnung können auch die Gründe für die Wertabflüsse entnommen werden:

— Lohnaufwand entstand, weil menschliche Arbeitsleistung eingesetzt wurde.

— Abschreibungsaufwand widerspiegelt die Tatsache, dass sich die Infrastruktur abnützt.

— Raumaufwand ist darauf zurückzuführen, dass Flächen gebraucht werden.

Bei solchen Aufwandspositionen ist der Zusammenhang zu den geschäftlichen Tätigkeiten klar ersichtlich: Werden beispielsweise bestimmte Tätigkeiten automatisiert, wird der Lohnaufwand vermutlich sinken, da weniger menschliche Arbeitsleistung beansprucht wird. Andererseits werden die Abschreibungen steigen, da mehr Infrastruktur – etwa neue EDV-Systeme – benötigt wird. Die Kosten im Sinn von «im Zug der Geschäftstätigkeit verbrauchte Ressourcen» sind in diesen Fällen gleich dem Aufwand.

Kosten auf dem Eigenkapital

Anders ist die Situation beim Posten Zinsaufwand: In der Finanzbuchhaltung entspricht dieser den Fremdkapitalzinsen, also denjenigen Zinsen, die Sie für aufgenommene Kredite der Bank noch schulden oder in der Periode bereits bezahlt haben. Innerhalb bestimmter Grenzen können Sie aber die Finanzierung frei und unabhängig von der eigentlichen Geschäftstätigkeit gestalten: Es ist letztlich Ihre Entscheidung, ob Sie mehr eigenes Geld in die Unternehmung stecken oder mehr Kredite aufnehmen – und zwar unabhängig davon, wie Sie die Geschäftstätigkeit organisieren. Es besteht also zwischen dem Zinsaufwand und der eigentlichen Geschäftstätigkeit praktisch kein Zusammenhang.

Eigenkapital ist nicht gratis Man kann sich zumindest theoretisch vorstellen, dass ein und derselbe Betrieb einmal mit viel Fremdkapital, einmal zu 100% mit Eigenkapital finanziert wird. Die Erfolgsrechnung wird im ersten Fall einen grossen Zinsaufwand, im zweiten einen von Null ausweisen. In Tat und Wahrheit kostet aber die Bindung von Eigenkapital auch etwas – Eigenkapital ist nicht gratis, die entsprechenden Kapitalbindungskosten müssen deshalb in der Kostenrechnung berücksichtigt werden.

«Solange ich keine Dividenden zahle, ist das Eigenkapital gratis.» Wer nach dieser Devise handelt, übersieht einen wichtigen Punkt: Auch die Eigenkapitalgeber haben bestimmte Vorstellungen davon, wie ihr Kapital rentieren soll. Werden diese Vorstellungen während längerer Zeit enttäuscht, werden sie nach Wegen suchen, wieder an ihr Geld zu kommen, um es anderswo zu investieren. Im Extremfall können sie die Liquidation der Unternehmung erzwingen und so ihren Einsatz (ganz oder teilweise) zurückerhalten.

Eigenkapital soll rentieren Dies leuchtet unmittelbar ein bei Firmen, in denen Eigentümer und Management getrennt sind. Wie ist es aber, wenn ein einziger Eigentümer gleichzeitig auch als Manager für seinen Betrieb handelt? Eigentlich genau gleich: Der Unternehmer wird für seine Arbeitsleistung mit dem Lohn entschädigt, für die Überlassung des Eigenkapitals erhält er den Gewinn. Dieser sollte mindestens so hoch ausfallen wie die Zinsen, die der Eigentümer erzielen könnte, wenn er sein Geld, statt es in die eigene Firma zu stecken, auf dem Kapitalmarkt anlegen würde. Gerade Kleinunternehmer übersehen oft diesen Zusammenhang und täuschen sich selber über die Ertragskraft ihrer Firma (siehe auch Beispiel Seite 133).

Der Informatiker Franco R. beschliesst, eine Erbschaft von Fr. 200 000.– als Startkapital für ein eigenes Unternehmen zu verwenden. Er quittiert seine Stelle und verzichtet auf das bisherige

Erwerbseinkommen von Fr. 100 000.–. Er hat Glück und kann sich während zehn Jahren als selbständiger PC-Supporter im Durchschnitt ebenfalls Fr. 100 000.– ausbezahlen, wobei er seinen Lohn jeweils so ansetzt, dass ein Gewinn von 0 resultiert. Der Kleinunternehmer bereut den Entscheid zur Selbständigkeit keinen Moment.

Ökonomisch gesehen allerdings war dieser Entscheid ein Fehler. Erstens verdient der PC-Supporter in Tat und Wahrheit weniger als früher: Ihm fehlen beispielsweise die Arbeitgeberbeiträge an die Sozialversicherungen und er arbeitet auch einiges mehr als als Angestellter. Zweitens hat er auf die Zinsen verzichtet, die er hätte erzielen können, wenn er die geerbten Fr. 200 000.– mit vergleichbarem Risiko angelegt hätte. Nimmt man eine Verzinsung von 3 % an, verzichtet der Kleinunternehmer über die zehn Jahre hinweg auf Fr. 70 000.–. Bei einer Verzinsung von 10 % sind es gar über Fr. 300 000.–!

Natürlich lässt sich argumentieren, dass auch ausserökonomische Gründe für den Entscheid zur Selbständigkeit massgeblich sind. Allerdings täuscht man sich in der Regel ohne genaue Berechnung über die Höhe des tatsächlichen Zinsausfalls. Wer Eigenkapital als Gratiskapital ansieht, geht zudem eher verschwenderisch damit um. Sind gar fremde Eigenkapitalgeber im Spiel, werden früher oder später Probleme auftauchen, wenn keine genügende Eigenkapitalrendite erzielt wird.

Um all dies zu berücksichtigen, müssen in der Kostenrechnung statt des Zinsaufwands aus der Finanzbuchhaltung die kalkulatorischen Zinskosten verwendet werden. Dazu wird das gesamte, im Geschäftsjahr durchschnittlich investierte Fremd- und Eigenkapital mit dem kalkulatorischen Zinssatz multipliziert – wie wenn auch auf dem Eigenkapital Zinsen bezahlt werden müssten.

Als kalkulatorischen Zinssatz können Sie in einfachen Fällen den durchschnittlichen Zinssatz einsetzen, den Sie auf dem Fremdkapital bezahlen.

Abschreibungskosten

Ein ähnliches Problem besteht bei den Abschreibungen: Da an das Resultat der Erfolgsrechnung zum Beispiel auch die Steuerveranlagung anknüpft, werden in der Finanzbuchhaltung die Abschreibungen oft nach steuerlichen statt nach betriebswirtschaftlichen Überlegungen bestimmt: Was steuerlich zulässig ist, wird abgeschrieben. Das kann zur Bildung und Auflösung stiller Reserven führen (siehe Seite 68). In der Kostenrechnung will man aber wissen, wie hoch der Abschreibungsbedarf tatsächlich ist. Deshalb werden hier statt der steuerlichen Abschreibungen die kalkulatorischen Abschreibungen eingesetzt.

Ein Handwerkerbetrieb setzt bei den Werkstatteinrichtungen statt des steuerrechtlichen Maximalsatzes von 30 % vom Buchwert – was einer angenommenen Lebensdauer von rund acht Jahren entspricht – in der Kostenrechnung eine Abschreibung von nur 20 % ein. Denn der Inhaber weiss aus Erfahrung, dass die Einrichtungen mindestens zehn Jahre lang ihren Dienst tun werden.

Neutraler Aufwand und Kosten

Schliesslich enthält die Erfolgsrechnung neben den Wertabflüssen, die tatsächlich auf den Verbrauch von Ressourcen der betreffenden Periode zurückzuführen sind, auch Wertabflüsse, die nicht direkt damit zusammenhängen.

In der Brauerei von Kerim W. schliesst wegen eines technischen Defekts ein Wasserventil nicht richtig. Da Betriebsferien sind, wird der Defekt erst nach einigen Tagen entdeckt. Die Wasserrechnung für diese Zeit ist ausserordentlich hoch und wird auch als ausserordentlicher Aufwand gebucht. Der Wasserverbrauch in dieser Höhe ist nicht auf die Geschäftstätigkeit zurückzuführen, sondern auf ein technisch-organisatorisches Problem.

Silvia G. vergisst im Abschluss des Geschäftsjahrs 2007 die Dezemberlöhne. Im Februar 2008 wird der Betrag in der laufenden Rechnung nachgebucht. Die Dezemberlöhne stehen zwar in engem Zusammenhang mit der Geschäftstätigkeit – aber mit derjenigen des Vorjahrs. Die Buchung betrifft deshalb periodenfremden Aufwand.

Unternehmerin Verena O. hat einen Teil der Liquidität ihrer Firma an der Börse angelegt. Leider sind die Kurse eingebrochen. Der Verlust wird – als betriebsfremder Aufwand – in der Bilanz und der Erfolgsrechnung erfasst. Die Anlage von Liquidität an der Börse ist ein Vorgang, der nicht direkt mit der Geschäftstätigkeit zusammenhängt.

Solche ausserordentlichen, perioden- oder betriebsfremden Aufwände – manchmal einfach als neutrale Aufwände bezeichnet – sind keine Kosten, da sie nicht mit der Geschäftstätigkeit der betrachteten Periode zusammenhängen. Sie haben in der Kostenrechnung nichts zu suchen.

Welchen Wert haben die Leistungen?

Die Kosten sind die Wertabflüsse, welche die Geschäftstätigkeit verursacht. Als Leistungen bezeichnet man entsprechend die durch die Geschäftstätigkeit ausgelösten Wertzuflüsse. Sie stehen zu den Erträgen der Erfolgsrechnung in einer ähnlichen Beziehung wie die Kosten zu den Aufwänden.

Neutrale Erträge In der Regel sind Erträge auch Leistungen. Allerdings gibt es bei den Erträgen ebenfalls einzelne, die Wertzuflüsse repräsentieren, welche nicht auf die Geschäftstätigkeit der aktuellen Periode zurückzuführen sind. Wie bei den Aufwänden gibt es ausserordentliche, betriebs- oder periodenfremde Erträge, die häufig unter dem Begriff neutrale Erträge zusammengefasst werden.

Der Grafiker Piero B. vergibt einen Büroraum, den er zurzeit nicht selber nutzt, an einen Texter. Die Erträge aus dieser Untermiete sind betriebsfremd.

Die Drogerie Z. erhält eine Rabattgutschrift für ihre letztjährigen Inserateschaltungen in der Drogistenzeitung. Diese Gutschrift ist periodenfremd.

Auch die Erträge sind also ähnlich abzugrenzen wie die Aufwände. In der Praxis ist dies aber einfacher und zudem sind die neutralen Erträge – verglichen mit den «normalen» – relativ unbedeutend. Wird deshalb auf die Abgrenzung verzichtet und werden die Erträge den Leistungen gleichgesetzt, verfälscht dies das Bild nicht stark.

Direkte und indirekte Kosten

Sind die Kosten und Leistungen aus den Aufwänden und Erträgen hergeleitet, geht es im nächsten Schritt darum, diese Kosten und Leistungen auf die Produkte – buchhalterisch spricht man von Kostenträgern – zu verteilen. Bei den Leistungen ist in der Regel recht klar, welche Produkte für die entsprechenden Wertzuflüsse verantwortlich sind. Schwieriger kann diese Zurechnung bei den Kosten sein. Denn davon gibt es zwei Gruppen:

— **Direkte Kosten**, auch Einzelkosten genannt, sind die Aufwendungen, die ausschliesslich aufgrund eines Produkts anfallen: spezielle Rohstoffe, spezielle Maschinen oder spezielle Infrastruktur. Sie lassen sich einfach auf die Produkte verteilen.

— **Indirekte Kosten** oder Gemeinkosten werden von mehreren Produkten verursacht: Raumkosten für gemeinsam genutzte Räume; Lohnkosten von Personen, die für mehrere Produkte eingesetzt werden; Materialkosten für Ressourcen, die für mehrere Produkte benötigt werden. Wie lassen sich diese Aufwendungen den einzelnen Produkten bzw. Dienstleistungen zurechnen?

Regeln für die Zurechnung Für die Zurechnung der Gemeinkosten müssen Regeln aufgestellt werden. Beispielsweise könnten einem Produkt umso mehr Gemeinkosten angelastet werden, je mehr Einzelkosten es verursacht. Oder man kann versuchen, die Gemeinkosten möglichst verursachergerecht zu verteilen, und arbeitsintensiven Produkten mehr zurechnen als solchen, die wenig Arbeit verlangen. Das setzt allerdings voraus, dass die Arbeitszeiten für jedes Produkt erfasst werden.

Es existieren viele Zurechnungsregeln. Welche für Ihren Betrieb die richtige ist, hängt von Ihren Ansprüchen an die Genauigkeit der Kostenrechnung ab und vom Aufwand, den Sie für die Erfassung aller notwendigen Daten leisten können.

Vier Schritte für die Zurechnung von Kosten zu Produkten

1. Zuerst muss festgelegt werden, was als «Produkt» im Rahmen der Kostenrechnung betrachtet werden soll. Dieser Schritt ist entscheidend. Je nachdem, was Sie als Produkt ansehen, wird die Unterscheidung von Einzel- und Gemeinkosten anders ausfallen.
2. Die Kostenarten werden in Einzel- und Gemeinkosten aufgeschlüsselt.
3. Die Zurechnungsregeln werden formuliert.
4. Die Einzelkosten werden direkt, die Gemeinkosten mithilfe der Zurechnungsregeln auf die Produkte verteilt.

Erkenntnisse aus der Kostenrechnung Sind die Kosten und die Erlöse auf die Produkte verteilt, lässt sich ein Gewinn pro Produkt berechnen und dann kann entschieden werden, welche Produkte weiterhin im Sortiment bleiben und welche man aus dem Angebot nimmt …

So einfach ist es natürlich nicht! Oft hat es ganz einsichtige Gründe, weshalb ein Produkt vorerst Verluste bringt: In einer Anlaufphase sind die Stückzahlen klein, die Marktaussichten aber präsentieren sich gut. Oder ein Unternehmer beschliesst, dank Preissenkungen über eine bestimmte Zeitspanne den Absatz zu steigern, und nimmt bewusst in Kauf, dass nicht alle Kosten gedeckt sind – in der Erwartung, dass dies in naher Zukunft ändert. In beiden Fällen würde die Kostenrechnung die falsche Antwort liefern: Sie würde empfehlen, gerade diejenigen Produkte aus dem Angebot zu nehmen, in die der Unternehmer spezielle Hoffnungen setzt.

Fixe und variable Kosten

Durch eine Anpassung der Kostenrechnung lässt sich das Problem entschärfen: Gewisse Kosten – namentlich Waren- und Materialkosten oder Akkordlöhne – reagieren direkt auf die Menge der gefertigten Produkte oder der erbrachten Dienstleistungen. Sie werden als variable Kosten bezeichnet. Die fixen Kosten dagegen fallen mehr oder weniger unabhängig von der Anzahl der Produkte an – etwa die Miete oder Löhne für Personal, das im Monatslohn angestellt ist.

Welche Kostenart zu welcher Kategorie gehört, müssen Sie für Ihren Betrieb selber entscheiden. Sind aber die Kosten auf die Kategorien fix und variabel verteilt, kann man diese auch separat auf die Kostenträger umrechnen und mit den Erträgen vergleichen.

Der Deckungsbeitrag Bringen ein Produkt oder eine Produktgruppe mehr Erträge, als sie variable Kosten verursachen, bezeichnet man den Überschuss als Deckungsbeitrag. Damit lassen sich die fixen Kosten für den Betrieb mindestens teilweise decken. Unternehmen, die keinen Unterschied zwischen fixen und variablen Kosten machen, also keinen Deckungsbeitrag berechnen können, führen eine sogenannte Vollkostenrechnung. Kann der Deckungsbeitrag berechnet werden, handelt es sich um eine Teilkostenrechnung.

Wenn Sie den Deckungsbeitrag – und nicht nur den Gewinn – pro Produkt kennen, erhalten Sie eine differenziertere Antwort auf die Frage, ob ein Produkt rentiert oder nicht.

Wie gut rentiert ein Produkt?

		Erfolg pro Produkt	
		Gewinn	Verlust
Deckungsbeitrag pro Produkt	> 0	Gutes Produkt, weiter fertigen	Weiter produzieren, falls momentane Überkapazitäten genutzt werden können oder falls künftiges Gewinnpotenzial vorhanden ist
	< 0	(kommt nicht vor)	Falls die variablen Kosten nicht sofort heruntergefahren werden können, aussteigen!

Neue Produkte beurteilen

Die meisten Produkte haben einen «Lebenszyklus»: Am Anfang drücken geringe Stückzahlen und tiefe Einführungspreise auf die Erträge. Ausserdem zahlt das Unternehmen häufig noch Lehrgeld, weil die Produktion noch nicht optimal läuft. In einer zweiten Phase findet das Produkt immer mehr Abnehmer und eventuell kann sogar der Preis angehoben werden. Die Erträge steigen und die Kosten pro Stück sinken. Schliesslich ist das Produkt veraltet und die Erträge sinken wieder, bis es aus dem Markt genommen wird.

Kostenrechnung und Produktelebenszyklus Ein erfolgreiches Produkt bringt – über den ganzen Zyklus betrachtet – mehr Erträge als Kosten. Die Kostenrechnung betrachtet aber nicht einen Produktelebenszyklus, sondern eine kürzere Periode: ein Quartal, ein Semester oder ein Jahr. Liegt diese Periode am Anfang eines Produktelebens, präsentiert sich dieses in der Kostenrechnung ganz unattraktiv, obwohl es ein hohes Gewinnpotenzial aufweist. Gerade umgekehrt sieht es gegen Ende aus: Das Produkt erscheint dank hoher Erträge und geringer Stückkosten als sehr attraktiv, obwohl es sich um ein Auslaufmodell handelt. Der Entscheid, ob in ein Produkt investiert werden soll oder nicht, kann deshalb auf keinen Fall nur aufgrund der Kostenrechnung gefällt werden: Qualitative Marktüberlegungen und Zukunftsprognosen müssen mit einfliessen.

Die Kostenrechung richtig aufstellen

Voll ausgebaute Kostenrechnungen werden häufig in Tabellenform erstellt (ein Beispiel finden Sie im Anhang). In den ersten Spalten werden die Kostenarten – unterteilt nach Einzel- und Gemeinkosten – aufgeführt. In den letzten Spalten werden die Produkte (Kostenträger) bzw. die Kosten der Produkte zusammengefasst.

Die Kostenstellenrechnung Zwischen der Kostenartenrechnung, die zeigt, welche Ressourcen verbraucht wurden, und der Kostenträgerrechnung, die zeigt, welche Produkte welche Kosten verursacht haben, liegt die Kostenstellenrechnung. Ihre Aufgabe ist es primär zu zeigen, wo die Kosten angefallen sind. Sie ist deshalb oft ähnlich gegliedert wie die Aufbauorganisation des Betriebs.

Verschiedene PC-Buchhaltungsprogramme bieten die Möglichkeit, die Kostenrechnung mindestens auf Stufe Kostenstellen gleich mitzuführen. Dazu werden bei der Kontierung der Belege nicht nur die betroffenen Konti der Finanzbuchhaltung, sondern auch die Kostenstelle angegeben. Sofern Sie aber wirklich mit der Kostenrechnung arbeiten wollen, ist es transparenter – wenn auch aufwendiger –, diese in Tabellenform zu führen (zum Beispiel in Excel oder einer anderen Tabellenkalkulation auf dem PC). Für die Bestimmung der Kostenstellen bietet sich der Raster auf der nächsten Seite an, den Sie selbstverständlich an Ihre Bedürfnisse anpassen können.

> Die einfachste Form der tabellarischen Kostenrechnung ist der sogenannte Betriebsabrechnungsbogen (BAB). Im Anhang finden Sie ein Beispiel mit Erklärungen. Dieses können

Kostenstellenraster

Betrieb / Produktion	Hier werden alle Kosten zugerechnet, die direkt mit der Produktion, der Auftragsausführung verbunden sind: die produktiven Arbeitsstunden, das Material, das direkt für Aufträge gebraucht wird, etc.
Infrastruktur	Diese Kostenstelle enthält die Kosten, die durch die Maschinen und die Räumlichkeiten ververursacht werden. Dazu gehören auch Wartung, Unterhalt und Pflege der Infrastruktur.
Verwaltung	Hier werden die restlichen Kosten zusammengefasst, insbesondere die der unproduktiven – nicht direkt mit Kundenarbeit verbunden – Arbeitszeit.

Sie als Excel-Tabelle mit allen Formeln auch von der Homepage des Beobachters herunterladen (Datei: Kostenrechnung BAB). Kostenrechnungen hängen allerdings sehr von der Art und Weise ab, wie die Kostenträger und -arten im Betrieb definiert sind. Sie müssen die Vorlage deshalb an Ihre Bedürfnisse anpassen. Ihr Link: www.beobachter.ch/finanzen36412008

Kostenträger bestimmen Beim Festlegen der Kostenträger sollten Sie darauf achten, dass nicht zu viele eingeführt werden. Je mehr Kostenträger Sie unterscheiden, desto mehr Verrechnungsaufwand entsteht. Eine gute Idee ist es, die eigene Produktepalette erst einmal in zwei Gruppen aufzuteilen:

— Kerngeschäft

— Zusatzgeschäft

Zeigt sich, dass die Zurechnung der verschiedenen Kosten bei den Produkten innerhalb dieser Gruppen mehr oder weniger gleich erfolgen kann, sind dies bereits Ihre Kostenträger. Wenn sich die einzelnen Produkte innerhalb der Gruppen jedoch stark voneinander unterscheiden, teilen Sie einfach weiter auf, bis die gewünschte Genauigkeit erreicht ist.

Zuteilen der Kosten Damit die Kostenverrechnung gut vorgenommen werden kann, empfiehlt es sich zudem, die Arbeitszeiten pro Kostenträger zu erfassen. So lassen sich später die Zahlen der Kostenstelle «Betrieb/Produktion» einfach nach Arbeitszeit auf die einzelnen Kostenträger verteilen. Die Kosten der Kostenstellen «Infrastruktur» und «Verwaltung» werden beispielsweise nach Stück verteilt. Ist es nicht möglich, eine Stückzahl zu bestimmen – etwa in Dienstleistungsbetrieben –, bietet sich stattdessen eine Verteilung nach Honorarstunden, nach Dienstleistungseinheiten oder einfach nach Ertrag an.

Wie oft soll die Kostenrechnung gemacht werden?

Grundsätzlich können Sie die Kostenrechnung häufiger aufstellen, als Sie die Finanzbuchhaltung abschliessen. Im Extremfall könnte die Finanzbuchhaltung einmal im Jahr, die Kostenrechnung hingegen monatlich aufgestellt werden. Gewisse Kosten stehen jedoch erst fest, wenn die Finanzbuchhaltung definitiv abgeschlossen wurde.

Erstellen Sie die Kostenrechnung auch unter dem Geschäftsjahr, können Sie also nicht einfach mit den vorläufigen Saldi der Finanzbuchhaltung rechnen. Überall dort, wo nicht monatlich gezahlt wird, müssen Sie die tatsächlichen Kosten und Erträge pro Monat abschätzen, was den Erstellungsaufwand nach oben treibt. Dies gilt insbesondere für die Offenposten-Buchhaltung (siehe Seite 54), bei der ja unter dem Jahr nur die Zahlungsflüsse erfasst werden.

Jeden Monat werden Sie diesen Aufwand kaum auf sich nehmen wollen. Andererseits soll eine Kostenrechnung ja dazu dienen, ungünstige geschäftliche Entwicklungen rechtzeitig zu erkennen, um möglichst rasch eingreifen zu können. Das ist aber nur möglich, wenn sie mindestens einmal pro Quartal aufgestellt wird.

Den Cashflow im Griff: die Mittelflussrechnung

Landläufig herrscht die Meinung vor, der Cashflow sei einfach die Summe aus Gewinn plus Abschreibungen. Nur: Weshalb sollte man dann diese Grösse überhaupt berechnen? Ein spezieller Name für eine einfache Summe aus zwei Zahlen der Erfolgsrechnung wäre doch ein gar grosser Aufwand.

Hinter dem Begriff Cashflow versteckt sich tatsächlich etwas anderes: nämlich die Antwort auf die Frage, ob in einer Periode mehr laufende, auf die Geschäftstätigkeit zurückzuführende Einnahmen als laufende Ausgaben angefallen sind.

> **Definition**
>
> Der Cashflow ist die Differenz zwischen den laufenden Einnahmen und den laufenden Ausgaben einer Geschäftsperiode.

Wie wird der Cashflow bestimmt?

Aus der Erfolgsrechnung lässt sich der Cashflow nicht direkt ablesen. Denn in der Erfolgsrechnung sind nicht nur Vorgänge erfasst, die mit Ein- und Auszahlungen verbunden sind, sondern auch Vorgänge, denen keine Zahlungen in der betreffenden Periode entsprechen: beispielsweise Abschreibungsaufwand, Bildung und Auflösung von Rückstellungen, Bildung und Auflösung von Wertberichtigungen auf Vorräten und Debitoren. Dazu kommt, dass verschiedene Ein- und Auszahlungsvorgänge in der Erfolgsrechnung gar keinen Niederschlag finden: etwa die Zahlung des Kaufpreises bei Investitionen oder die Rückzahlung von Schulden.

Kategorien von Zahlungsvorgängen Die Zahlungsvorgänge lassen sich zudem in verschiedene Kategorien einteilen:

— Zahlungen, die direkt mit der **Geschäftstätigkeit** gekoppelt sind: Einnahmen aus Verkaufserlösen, Ausgaben für Miete, Löhne, Rohstoffe etc. Diese Zahlungsvorgänge schwanken zwar in der Höhe entsprechend dem Umfang der Geschäftstätigkeit, fallen aber regelmässig in jeder Periode an, so lange das Unternehmen arbeitet. Sie werden direkt durch den Umfang der Geschäftstätigkeit, indirekt auch durch das Aushandeln neuer Preise beeinflusst.

— Zahlungen, die auf **Investitionsvorgänge** zurückgehen: Ausgaben für neue Maschinen und Betriebseinrichtungen sowie Erlöse aus dem Verkauf nicht mehr benötigter Infrastruktur. Kennzeichnend für diese Zahlungsvorgänge ist, dass sie sehr unregelmässig anfallen und nicht direkt an den gegenwärtigen Geschäftsumfang gekoppelt sind. Sie gehen zurück auf unternehmerische Entscheide, die aufgrund der Erwartungen über die künftige Geschäftstätigkeit getroffen werden.

— Schliesslich lösen auch **Finanzierungsvorgänge** Zahlungen aus. Die Rückzahlung von Krediten und die Aufnahme von neuem Kapital verändern den Zahlungsmittelbestand direkt. Diese Vor-

---

Die Komponenten des Cashflows

— **Cashflow aus der laufenden Geschäftstätigkeit:** Einnahmen aus Zahlungen der Kunden minus Ausgaben wegen Zahlungen an Lieferanten, Personal, Miete etc.
— **Cashflow aus der Investitionstätigkeit:** Einnahmen aus dem Verkauf nicht mehr gebrauchter Infrastruktur minus Ausgaben für Ersatz- und Neuanschaffungen
— **Cashflow aus Finanzierungstätigkeiten:** Einnahmen aus der Aufnahme neuer Kredite und aus Einschüssen der Eigenkapitalgeber minus Ausgaben für Tilgungszahlungen und Rückzahlung von Eigenkapital

gänge können im Prinzip zu frei gewählten Zeitpunkten ausgelöst werden und finden unabhängig von der eigentlichen Geschäftstätigkeit statt.

Der Cashflow setzt sich also aus verschiedenen Komponenten zusammen, die sich ganz unterschiedlich beeinflussen lassen und demzufolge auch separat betrachtet werden sollten. Wird einfach von «dem» Cashflow gesprochen, ist in der Regel den Cashflow aus der laufenden Geschäftstätigkeit gemeint.

Wie hoch muss der Cashflow sein?

Praktisch jeder Betrieb, und sei er noch so klein, braucht Infrastruktur – Maschinen, Werkzeug, Möbel, eine EDV-Anlage und anderes mehr. Zum Teil lässt sich diese Infrastruktur mieten. Oft aber wird ein Unternehmen die Infrastruktur kaufen und zum Beispiel in Werkzeug investieren. Sobald das Werkzeug in Gebrauch ist, beginnt es sich abzunutzen und irgendwann muss es ersetzt werden.

Woher kommt das notwendige Geld? Eventuell lässt sich das alte Werkzeug noch verkaufen und dieser Erlös steht für die Neuanschaffung zur Verfügung. Typischerweise reicht er aber nicht, um neuwertiges Werkzeug zu beschaffen. Buchhalterisch ausgedrückt: Der Cashflow aus Investitionstätigkeit ist in den meisten Fällen ein Geldabfluss, kein Geldzufluss.

Eventuell hat der Betrieb die Möglichkeit, einen Kredit aufzunehmen. Dieser Kredit muss aber früher oder später zurückgezahlt werden. Ausserdem gibt es keine Garantie, dass der Kredit genau dann zur Verfügung steht, wenn neues Werkzeug dringend gebraucht wird. Anders gesagt: Der Cashflow aus Finanztätigkeit beträgt im Durchschnitt Null; jeder aufgenommene Franken muss früher oder später zurückgezahlt werden.

Zentral: Cashflow aus Geschäftstätigkeit Es bleibt lediglich der Cashflow aus Geschäftstätigkeit. Dessen Aufgabe ist es vor allem, Investitionen dann zu ermöglichen, wenn sie aus Sicht der Unternehmerin notwendig sind. Der durchschnittliche Cashflow pro Jahr muss deshalb mindestens so hoch sein wie der durchschnittliche Geldbedarf, der sich aus den Investitionsbedürfnissen pro Jahr ergibt.

Soll der Betrieb wachsen und muss neben dem Ersatz abgenützter Infrastruktur zusätzliche Kapazität geschaffen werden, steigt der «Geldhunger». Der Cashflow muss also gesteigert werden – und zwar am besten vor der Wachstumsphase. Und eventuell müssen mit dem Cashflow aus Geschäftätigkeit auch Rückzahlungsverpflichtungen erfüllt werden, die nicht durch neue Kredite aufgefangen werden können.

Sollgrösse für den Cashflow aus Geschäftstätigkeit

Der Cashflow aus Geschäftstätigkeit muss mindestens so hoch sein wie der durchschnittliche Abfluss aus Investitionstätigkeit plus eventuelle jährliche Rückzahlungsverpflichtungen.

Zu tiefer Cashflow ist gefährlich Ist der Cashflow aus Geschäftätigkeit kleiner als notwendig, hat dies unangenehme Folgen: Investitionen können nur getätigt werden, wenn es den Kreditgebern richtig erscheint – nicht dann, wenn Sie als Unternehmer oder Unternehmerin es für richtig erachtet. Unter Umständen sind Sie sogar gezwungen, auf notwendige Investitionen zu verzichten oder – noch schlimmer – Infrastruktur zu einem ungünstigen Zeitpunkt zu verkaufen, um fällige Tilgungszahlungen leisten zu können. Fehlt es aber an der nötigen Infrastruktur, wird der Betrieb künftig noch weniger Cashflow erarbeiten können. Ein Teufelskreis entsteht, der das Unternehmen in den Abgrund reisst, obwohl ein Markt vorhanden ist und die Kunden zufrieden sind.

Mittelflussrechung leicht gemacht

Eine eigentliche Mittelflussrechnung – das heisst eine genaue Darstellung der drei Cashflows aus Geschäftstätigkeit, Investitionstätigkeit und Finanztätigkeit einer Rechnungsperiode – ist für kleinere Unternehmen in der Regel nicht notwendig. Die wichtigsten Grössen können aus der Bilanz und der Erfolgsrechnung sowie einigen zusätzlichen Informationen grob abgeschätzt werden.

Cashflow aus Geschäftstätigkeit abschätzen Der Cashflow aus Geschäftstätigkeit lässt sich aus der Erfolgsrechnung ableiten. Die meisten Aufwände führen auch zu Auszahlungen in der betreffenden Rechnungsperiode, die meisten Erträge zu entsprechenden Einzahlungen.

Prominente Ausnahmen sind die Bildung von Abschreibungen, Wertberichtigungen auf dem Umlaufvermögen und Rückstellungen. Dies sind Aufwände, die nicht an Dritte ausbezahlt werden, bei denen also kein Geld aus der Firma abfliesst. Weitere Abweichungen von der Erfolgsrechnung ergeben sich, wenn die Debitoren, die Vorräte und die Kreditoren stark schwanken. Nehmen beispielsweise die Debitoren zu, bedeutet das, dass ein Teil des Umsatzes der lau-

---

Schätzung des Cashflows aus Geschäftstätigkeit

Vorausgesetzt, dass sich weder bei den Debitoren noch den Vorräten oder den Kreditoren grosse Veränderungen ergeben haben, kann der Cashflow aus Geschäftstätigkeit wie folgt abgeschätzt werden:

Cashflow aus Geschäftstätigkeit =
Gewinn + Abschreibungen + Bildung von Wertberichtigungen auf dem Umlaufvermögen + Bildung von Rückstellungen

Werden Rückstellungen oder Wertberichtigungen aufgelöst, sind die entsprechenden Posten vom Gewinn abzuziehen.

---

fenden Rechnungsperiode nicht in die Kasse geflossen, sondern noch ausstehend ist. Der Umsatz ist dann nicht gleich den Einnahmen aus Geschäftstätigkeit.

Cashflow aus Investitionstätigkeit berechnen Der Cashflow aus Investitionstätigkeit wird am besten aufgrund der tatsächlichen Verkäufe von Infrastruktur berechnet, von denen man die Anschaffungen abzieht (Verkäufe minus Zukäufe). Als Kontrolle kann die Veränderung der Bilanzbestände dienen: Zwischen dem Bestand des Anlagevermögens am Anfang und am Schluss einer Periode besteht eine Differenz. Diese entsteht durch Ankäufe, Verkäufe und Abschreibungen. Die Abschreibungen findet man in der Erfolgsrechnung; der Effekt der An- und Verkäufe entspricht dem Cashflow aus Investitionstätigkeit.

Schätzung des Cashflows aus Investitionstätigkeit

**Schlussbestand des Anlagevermögens =
Anfangsbestand + Zukäufe – Verkäufe – Abschreibungen**

Das heisst:
**Anfangsbestand – Abschreibungen – Schlussbestand
= Verkäufe – Zukäufe = Cashflow aus Investitionstätigkeit**

Cashflow aus Finanztätigkeit Der Cashflow aus Finanztätigkeit schliesslich lässt sich in der Regel durch Betrachtung der Bilanz abschätzen: Haben das langfristige Fremdkapital und das Eigenkapital zugenommen, liegt ein Zufluss vor, ansonsten ein Abfluss.

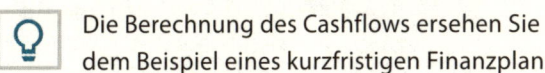 Die Berechnung des Cashflows ersehen Sie sehr schön aus dem Beispiel eines kurzfristigen Finanzplans im Anhang, das Sie auch als Excel-Tabelle im Internet finden (Datei: Kurzfristige Finanzplanung, Beispiel).
Ihr Link: **www.beobachter.ch/finanzen36412008**

Die Finanzplanung

Ziel der Finanzplanung ist es, sicherzustellen, dass das Unternehmen seine für die nächste Zukunft geplanten Aktivitäten erfolgreich durchführen kann, ohne an unvorhergesehenen finanziellen Klippen zu scheitern. Als Instrument für diese Aufgabe wird in diesem Kapitel die integrierte Finanzplanung genauer vorgestellt. Bevor Sie aber Finanzpläne erarbeiten können, müssen Sie einiges an Daten zusammenstellen.

Vorbereitung der Finanz-
planung: die Ist- und Sollwerte

Eine voll ausgebaute Finanzplanung fasst die finanziellen Auswirkungen aller geplanten geschäftlichen Aktivitäten zusammen, stellt
sie in Form von Plan-Mittelflussrechnungen, Plan-Bilanzen und Plan-
Erfolgsrechnungen dar und vergleicht diese Planwerte dann mit den
tatsächlichen Verhältnissen. In kleineren Unternehmen wird eine
solche Planung typischerweise erst dann erstellt, wenn grössere Investitionsvorhaben anstehen: Das «Zahlenherz» eines guten Busi-
nessplans beispielsweise ist eine Finanzplanung.

Im Rahmen der Finanzplanung wird entschieden, wie gross das Um-
lauf- und das Anlagevermögen sein und wie sie finanziert werden
sollen. Dabei spielt der Cashflow wieder eine zentrale Rolle, sodass
die Überlegungen am besten nach der Logik der Mittelflussrechnung
zusammengestellt werden:

— Welcher Cashflow ist aus Geschäftstätigkeiten zu erwarten?
— Welcher Cashflow ergibt sich aus den Investitionsvorhaben?
— Was passiert bei den Schulden, stehen Tilgungszahlungen an?
— Können allfällige Geldbedürfnisse über den Kassenbestand
   oder über die Aufnahme neuer Kredite abgefangen werden?

Planung des Netto-Umlaufvermögens:
der Cash Cycle

Das Netto-Umlaufvermögen ist die Differenz von Umlaufvermögen
minus kurzfristigem Fremdkapital – sozusagen die «Reserve», die
ein Unternehmen braucht, um die laufende Tätigkeit sicherzustellen. Im angelsächsischen Raum wird es treffend als «net working

capital» bezeichnet. Kontenmässig betrachtet, besteht das Netto-Umlaufvermögen typischerweise aus folgenden Bestandteilen:

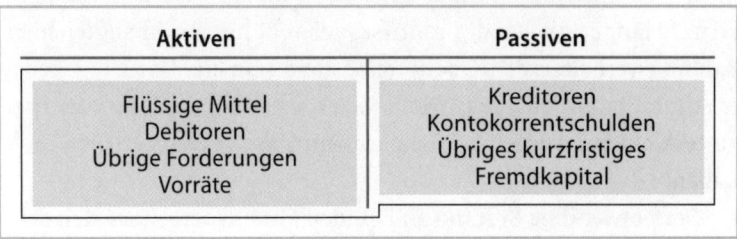

Aktiven	Passiven
Flüssige Mittel Debitoren Übrige Forderungen Vorräte	Kreditoren Kontokorrentschulden Übriges kurzfristiges Fremdkapital

Die Positionen des Netto-Umlaufvermögens sollten so klein wie möglich gehalten werden: Flüssige Mittel sind totes Kapital, Debitoren eine Risikoquelle, ebenso die Vorräte und die übrigen Forderungen. Denn die Debitoren wie auch die übrigen Schuldner können zahlungsunfähig oder -unwillig werden, die Vorräte können an Wert verlieren. Bei den Posten auf der Passivseite handelt es sich in der Regel um die teuersten Kredite überhaupt, die zudem nur sehr kurz zur Verfügung stehen und rasch wieder getilgt werden müssen.

Cash Cycle für Handelsbetriebe Wie man die nötige Höhe des Netto-Umlaufvermögens berechnet, zeigt die folgende Grafik, die sich auf ein einfaches Warenhandelsunternehmen bezieht.

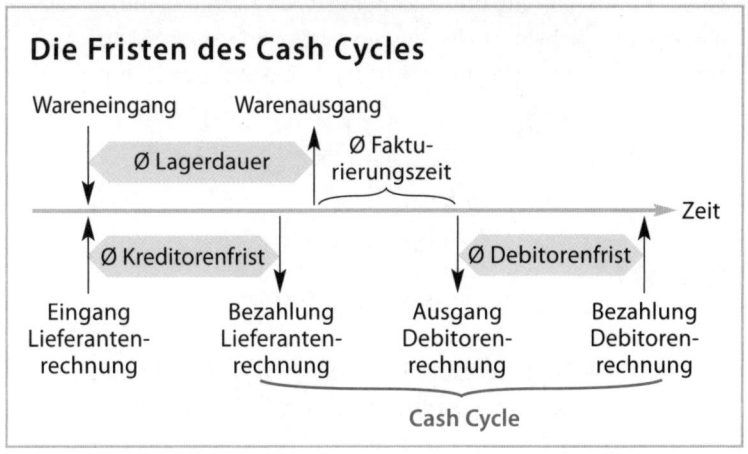

Die Fristen des Cash Cycles

Wareneingang · Warenausgang

Ø Lagerdauer · Ø Fakturierungszeit

Zeit

Ø Kreditorenfrist · Ø Debitorenfrist

Eingang Lieferantenrechnung · Bezahlung Lieferantenrechnung · Ausgang Debitorenrechnung · Bezahlung Debitorenrechnung

Cash Cycle

Die in der Grafik dargestellten Fristen sind direkt mit den entsprechenden Beständen verknüpft: Je länger die Lagerdauer, desto höher muss – bei gleich bleibender Geschäftstätigkeit – der Lagerbestand sein. Je länger die Kreditorenfrist, desto höher wird bei gleichem Zahlungsverhalten der Kreditorenbestand sein etc. Das Umgekehrte stimmt natürlich auch: Wenn Sie es schaffen, die Debitorenfrist zu verkleinern, werden Sie bei gleichem Umsatz weniger Debitoren haben.

Der notwendige Bestand an liquiden Mitteln berechnet sich deshalb aus dem Cash Cycle – aus der Zeit also, die durchschnittlich zwischen der Bezahlung der Lieferantenrechnung und dem Eingang der Zahlung der Kunden verstreicht. Die in dieser Zeit verkaufte Ware bindet liquide Mittel.

Berechnung des Cash Cycles

Cash Cycle =
Lagerdauer + Fakturierungszeit + Debitorenfrist – Kreditorenfrist

Die Debitorenfrist lässt sich aus der Bilanz und der Erfolgsrechnung mithilfe des Umsatzes und des Debitorenbestands abschätzen (siehe Formel). Ähnlich lässt sich die Kreditorenfrist (aus Kreditorenbestand und Warenaufwand) berechnen. Die Lagerdauer und die Zeit, die zwischen Auslieferung und Rechnungstellung vergeht, müssen Sie hingegen ausserhalb des Rechnungswesens erfassen bzw. abschätzen. Für den Cash Cycle ergibt sich folgende Berechnungsformel:

$$C = L + F + \underbrace{\frac{D}{U} \times 360}_{\substack{\varnothing \\ \text{Debitoren-} \\ \text{frist}}} - \underbrace{\frac{K}{W} \times 360}_{\substack{\varnothing \\ \text{Kreditoren-} \\ \text{frist}}}$$

C = Cash Cycle, L = Lagerdauer, F = Fakturierungszeit, D = Debitorenbestand, U = Umsatz, K = Kreditorenbestand, W: Warenaufwand.

Ein Handelsunternehmen bezieht seine Ware im Durchschnitt zwei Monate, bevor sie ausgeliefert wird. Kreditorenrechnungen werden normalerweise nach einem Monat beglichen, Debitorenrechnungen nach anderthalb Monaten. Fakturiert wird einmal im Monat, sodass im Durchschnitt zwischen der Auslieferung und der Rechnungstellung an die Kunden zwei Wochen verstreichen. Der Cash Cycle des Handelsunternehmens berechnet sich folgendermassen:

	Lagerdauer	60 Tage
+	Fakturierungszeit	+ 5 Tage
+	Debitorenfrist	+ 45 Tage
–	Kreditorenfrist	– 30 Tage
	Cash Cycle	**90 Tage**

Da 90 Tage etwa 25 % eines Jahres sind, muss das Unternehmen ca. einen Viertel des Warenaufwands eines ganzen Jahres vorfinanzieren.

Der übrige Baraufwand des Unternehmens (Personal, Miete etc.) beginnt bereits mit der Bestellung der Ware und kann nicht über die Kreditoren finanziert werden. Er belastet die liquiden Mittel deshalb vom ersten Tag an während 120 Tagen. Zu dem Viertel des Warenaufwands muss also ein Drittel des übrigen Baraufwands eines Jahres finanziert werden.

Plant das Unternehmen ein Umsatzwachstum von 5 % durch eine Ausweitung des Absatzes und bleiben seine Gewinnmarge sowie die genannten Fristen gleich, steigt auch der Liquiditätsbedarf um 5 %.

Cash Cycle für Produktionsbetriebe

Dieselben Zusammenhänge gelten im Prinzip auch für Produktionsunternehmen. Da diese allerdings über mehrere Schritte fertigen, bis verkaufsfähige Waren am Lager liegen, zerfällt die «Lagerdauer» aus der Formel im Kasten in mehrere Komponenten: Lagerdauer des Rohmaterials, Fertigungsdauer, Lagerdauer des Fertigmaterials. Selbstverständlich lässt sich der Cash Cycle noch detaillierter berechnen, indem beispielsweise für jeden Fertigungsschritt die Durchlaufzeiten sowie vor- und nachgeschaltete Lagerzeiten berücksichtigt werden. Der Nutzen einer derart genauen Abschätzung der Zeiten ist jedoch für kleinere Firmen – gemessen am Erhebungs- und Berechnungsaufwand – nicht sehr gross, sodass sich das einfache Modell in der Praxis durchaus auch in Produktionsunternehmen verwenden lässt.

In einem Produktionsbetrieb liegt das Rohmaterial im Schnitt 5 Tage im Lager (vom Eingang über die Qualitätskontrolle bis zum Auslagern gemäss Produktionsauftrag). Dann steckt es während 30 Tagen im Produktionsprozess über verschiedene Stufen bis zum Fertigprodukt und «wartet» als Fertigprodukt noch 25 Tage auf die Auslieferung. Das ergibt insgesamt 60 Tage Lagerdauer und damit – falls alle anderen Faktoren gleich bleiben wie bei der Handelsfirma im Beispiel auf Seite 99 – auch denselben Cash Cycle. Allerdings bestehen im Produktionsbetrieb mehr Möglichkeiten, den Cash Cycle zu beeinflussen: Die eigentliche Lagerdauer des Rohmaterials kann durch tagfertige Lieferung und Qualitätskontrolle beim Lieferanten, die Fertigungsdauer durch die Anpassung der Fertigungstechnologie und die «Wartezeit» des Fertigprodukts durch eine Verbesserung der Abstimmung zwischen Verkauf und Produktion (just in time) verkürzt werden.

Planung des Anlagevermögens

Kernstück der Finanzplanung im Anlagevermögen ist die Frage: Welche Infrastruktur braucht mein Geschäft? Sobald das klar ist, muss sofort die zweite Frage gestellt werden: Was davon will oder muss ich kaufen, was will oder kann ich mieten?

Kauf oder Miete? Die Antwort auf die zweite Frage hat grosse Auswirkungen auf die Finanzplanung: Bei einem Kauf fällt am Anfang ein grosser Finanzbedarf an. Sobald die Infrastruktur – beispielsweise eine EDV-Anlage – da ist, sind die Ausgaben relativ klein

(Reparaturen, Unterhalt), bis die Anlage wieder ersetzt werden muss. Bei einer Miete bzw. bei Leasing wird der Finanzbedarf in kleinen Portionen über die ganze Dauer verteilt.

Die Frage, ob Miete oder Kauf sinnvoll wäre, ist aber nicht nur eine Finanzfrage: Mit dem Eigentum sind bestimmte Möglichkeiten verbunden, die eine Miete oft nicht bietet. Man kann die Infrastruktur einfacher abändern, umnutzen, zweckentfremden oder sogar kurzfristig verkaufen. Eigentum ist also die flexiblere Form, wenn Infrastruktur benötigt wird. Auf der anderen Seite entlastet Miete von Verwaltungsaufwand. Offensichtlich ist das bei Immobilien: Der Eigentümer muss sich um die Liegenschaftsverwaltung in allen Belangen kümmern, der Mieter braucht nur die Miete zu bezahlen und kann ansonsten die Liegenschaft ohne weiteren Administrationsaufwand nutzen.

Laufende oder bloss punktuelle Finanzplanung?

Sind die Ein- und Auszahlungen aufeinander abgestimmt und lassen sich die laufenden Investitionsvorhaben finanzieren? Inhaber von kleineren Firmen können die finanzielle Situation dank ihrer Erfahrung häufig gut aus der Bilanz und der Erfolgsrechnung ableiten. Eine eigentliche laufende Finanzplanung ist für sie nicht notwendig.

Sobald aber grössere Veränderungen – insbesondere grössere Investitionen, aber auch eine starke Verkleinerung des Geschäfts – anstehen, wird eine Finanzplanung unbedingt notwendig. Solche Wachstums- oder Schrumpfungsphasen gehören zu den riskantesten Momenten im Leben einer Unternehmung. Die finanziellen Auswirkungen müssen nicht nur im eigenen Interesse, sondern auch im Interesse der Gläubiger sorgfältig abgeschätzt werden. Im Prinzip ist für solche Phasen ein Businessplan zu erstellen, der im Kern zeigt, wie sich die Bilanzen und Erfolgsrechnungen im Zug der Umstrukturierung verändern und wie diese Veränderungen finanziert werden.

Eine kurzfristige Finanzplanung beobachtet die Entwicklungen im Cashflow monatlich, quartalsweise oder halbjährlich. Ein solcher kurzer Zeithorizont verursacht erheblichen administrativen Aufwand. In der Regel macht dies nur dann Sinn, wenn die finanziellen Verhältnisse der Firma angespannt sind und konkret die Gefahr einer zeitweisen Zahlungsunfähigkeit besteht. Unternehmen, die genügend finanzielle Mittel haben – sei es in greifbarer Form als liquide Mittel, sei es in noch offenen Kreditlimiten –, werden, wenn überhaupt, dann maximal halbjährliche oder jährliche Finanzpläne erstellen.

Die integrierte Finanzplanung

Vor allem in Wachstumsphasen kann auch in vergleichsweise kleinen Unternehmungen rasch der Punkt erreicht werden, wo eine systematische Zusammenstellung der finanziellen Auswirkungen aller vorgesehenen Tätigkeiten nötig wird. Zu gross ist sonst die Gefahr, dass der Blick für das Ganze in der Hektik des Alltags verloren geht.

Die integrierte Finanzplanung versucht in einem ersten Schritt, die Auswirkungen des laufenden Geschäfts zu kombinieren mit den Auswirkungen von speziellen Projekten – zum Beispiel einer Investition – und darzustellen, wie sich die finanzielle Situation der Unternehmung verändert, ausgedrückt in der Bilanz, der Erfolgs- und der Mittelflussrechnung sowie in den entsprechenden Kennzahlen (siehe Seite 125).

Von der Prognose zur Planung

Bei diesem ersten Schritt sollte eher von Prognose statt von Planung gesprochen werden, da vorerst einfach das Resultat berechnet wird, ohne es als positiv oder negativ zu beurteilen. Die Prognose zeigt mit

Die Auswirkungen einer Investition abbilden

Finanzplan

Tagesgeschäft – Produkte verkaufen – Ressourcen einkaufen		+ Laufende Einnahmen (+) und Ausgaben (−) −	
Investieren – Anschaffen oder – Verkaufen von Infrastruktur		− Geplante Anschaffung von Sachanlagen	Geplanter Verkauf nicht mehr benötigter Sachanlagen +
Finanzieren – Aufnehmen oder – Zurückzahlen von Schulden oder Eigenkapital	+ Aufnahme eines neuen Kredits		Rückzahlung eines Kredits −

anderen Worten, was passieren wird, wenn Sie als Unternehmerin oder Geschäftsführer keine weiteren Schritte zur Optimierung unternehmen.

In einem zweiten Schritt bildet die integrierte Finanzplanung dann den Raster mit dem Alternativen beurteilt werden können – zum Beispiel: Was geschieht, wenn die vorgesehene Investition um ein Jahr vorgezogen wird? In der Regel zeigt die Prognose nämlich ein Bild der Zukunft, das so nicht den Wünschen des Unternehmers entspricht – sei es, dass sich Zahlungsschwierigkeiten abzeichnen, sei es, dass der Eindruck entsteht, das Ganze liesse sich auch noch effizienter, gewinnträchtiger abwickeln.

Erst jetzt kommt zur Prognose ein Wille: Die Unternehmerin, der Geschäftsführer will die künftige Entwicklung nicht einfach akzeptieren, sondern beeinflussen. Daraus entstehen Ideen, was zu tun sei, und so wird aus der Prognose ein Plan.

Alternativen darstellen

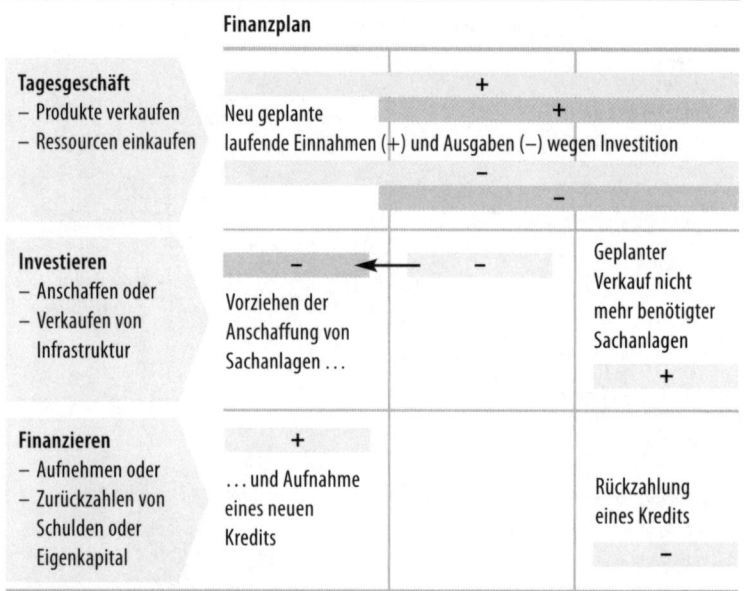

Was leistet die integrierte Finanzplanung?

Ein schon etwas angejahrtes Bonmot sagt: «Planen heisst, den Zufall durch den Irrtum zu ersetzen.» Selbstverständlich ist durch die Planung die Zukunft nicht festgelegt. Es ist sogar sehr wahrscheinlich, dass sich die Dinge anders entwickeln werden, als vorgesehen. Der Plan ist wie der abgesteckte Kurs eines Schiffes: eine Linie auf der Karte und nicht der tatsächliche Weg auf dem Wasser. Der Kapitän kann aber nur dank des vorher abgesteckten Kurses entscheiden, ob Steuerbewegungen notwendig sind oder ob er eventuell bereits so weit vom Kurs abgekommen ist, dass er sein Ziel aufgeben und durch ein anderes ersetzen muss. Genau dies leistet die Finanzplanung im Unternehmen: Sie zeigt die Differenzen auf zwischen dem, was sich entwickelt, und dem, was eigentlich gewollt war. So können Sie rechtzeitig eingreifen und den Plan wenn nötig auch ändern.

Drei Fragen im Zentrum Bei jeder Geschäftstätigkeit und erst recht bei neuen Projekten stellen sich drei Fragen, von deren richtigen Beantwortung der Erfolg des Unternehmens abhängt (siehe Kasten).

Die ersten beiden Fragen lassen sich nur mit einer gehörigen Portion Erfahrung und Kreativität beantworten. Ein Verfahren etwa, das quasi automatisch Chancen findet oder neue Möglichkeiten bietet, alte Probleme zu lösen, das ist nicht bekannt. Hier kommen unter-

---

Fragen, die Unternehmer beantworten müssen

1. **Was verändert sich in meinem Geschäftsumfeld, ohne dass ich darauf Einfluss nehmen kann?**
   Das kann sein: die Preisentwicklung der Ressourcen und Produkte, die Zinsentwicklung, die konjunkturell bedingte Nachfrageveränderung und ähnliche äussere Faktoren. Ebenfalls zu diesem Punkt gehört das Aufspüren von Chancen und Gefahren: Welche gesetzlichen Vorschriften werden die Geschäftstätigkeit erleichtern oder erschweren? Wo und wann eröffnen sich neue Märkte, werden bestehende Märkte schrumpfen?

2. **Wo besteht Handlungsspielraum und wie kann ich diesen nutzen?**
   Wie lassen sich zum Beispiel mehr Interessenten für die Produkte des Unternehmens gewinnen? Wie können mit Lieferanten bessere Konditionen ausgehandelt werden? Wo lassen sich Abläufe vereinfachen und schneller gestalten? Welche Schwächen zeigt die Konkurrenz und wie lassen sich diese ausnutzen? Und was kann das Unternehmen den Expansionsplänen der Konkurrenz entgegensetzen?

3. **Wie wirken sich all diese Faktoren auf meine Kennzahlen aus?**
   Wann und wie sehr verändern sich durch die Entwicklungen im Umfeld und durch eigenen Anstrengungen die Bilanz, die Erfolgs- und die Mittelflussrechnung? Was bedeutet das für das Eigenkapital, den Gewinn und die Zahlungsmittel? Welche Auswirkungen hat dies auf die Kennzahlen – die eigenen und diejenigen, die zum Beispiel die Bank beobachtet?

---

nehmerisches Denken und Handeln, Instinkt, Erfahrung und Risiko-bereitschaft voll zum Tragen.

Die dritte Frage hingegen ist gut formalisierbar. Zwar sind auch hier ein wenig Erfahrung und Instinkt gefordert, wenn beispielsweise abgeschätzt werden muss, wie weit die prognostizierte Teuerung tatsächlich auf die Preise durchschlagen wird. Aber sobald diese Schätzung vorliegt, ist der Rest eine eher technische Angelegenheit: Durch den Teuerungseffekt verändern sich die Kosten und Erträge, dadurch die Erfolgsrechnung und die Mittelflussrechnung und letztlich die Bilanz. Das Problem liegt darin, dass sich viele Effekte gleichzeitig auswirken – neben der Teuerung wird sich auch die Nachfrage verändern, zudem werden Investitionsvorhaben liquide Mittel abziehen und eine Anpassung der Abläufe wird zum Beispiel dazu führen, dass die Lagerdauern kürzer werden, und damit wieder liquide Mittel freisetzen. Hier geht es also weniger um Kreativität als vielmehr um sauberes, exaktes und widerspruchsfreies Arbeiten – eine Aufgabe wie geschaffen für den Computer!

Die drei Fragen hängen jedoch zusammen: Falls die Berechnungen zeigen, dass die Kennzahlen unbefriedigend bleiben, müssen Sie als Verantwortlicher des Unternehmens mehr und andere Massnahmen erdenken – beim Verkauf, in der Produktion, beim Einkauf von Ressourcen. Falls die Berechnungen zeigen, dass schon kleine Veränderungen eines Faktors im Geschäftsumfeld grosse Auswirkungen haben, müssen Sie allenfalls mehr Aufwand in die Prognose stecken, damit die Planungssicherheit steigt.

Hilfsmittel für die Planung Es gibt verschiedene Hilfsmittel für Ihren Computer, mit denen sich die Auswirkungen all dieser Faktoren auf die Kennzahlen des Unternehmens berechnen lassen. Allerdings sollten Sie nicht einfach ein vorgefertigtes Schema übernehmen. Diese passen häufig gar nicht wirklich zu den Abläufen des Unternehmens; zudem besteht die Gefahr, dass Sie einzelne Punkte missverstehen. Als Ausgangspunkt hingegen ist ein vorgegebenes Schema hilfreich; anschliessend können Sie es schrittweise an Ihre Bedürfnisse anpassen.

Der Aufbau eines Planungsmodells wird auf den folgenden Seiten am Beispiel der M. AG gezeigt. Das Resultat, der kurzfristige Finanzplan der M. AG, ist im Anhang abgedruckt. Erleichtern Sie sich Ihre eigene Planung und holen Sie sich die Excel-Berechnungstabellen dazu direkt von der Beobachter-Homepage. Die Datei «Kurzfristige Finanzplanung, Beispiel» zeigt die Berechnungen der M. AG; in «Kurzfristige Finanzplanung, Vorlagen» können Sie mit Ihren eigenen Zahlen arbeiten.
Ihr Link: **www.beobachter.ch/finanzen36412008**

Die M. AG fertigt eigene Produkte, handelt aber auch mit eingekauften Waren und erbringt zudem Service- und Beratungsleistungen. Der Verkaufs- und Produktionsplan macht deutlich, dass Handel und Fertigung starke Saisonalitäten zeigen, wobei bei der Fertigung sogar ein eigentlicher Stillstand in den Ferien vorliegt. Die Firma plant einen Ausbau ihrer Infrastruktur, um eine moderate Wachstumsstrategie zu ermöglichen.

Kurzfristig planen: Was passiert auf dem Bankkonto?

Aus praktischen Gründen erstellt man die kurzfristige und die langfristige Planung separat. Kurzfristig – das heisst für eine Dauer von weniger als einem Jahr bis zu einem Jahr – interessieren vor allem folgende Fragen:

— Kann das Unternehmen die laufenden Rechnungen fristgerecht bezahlen?

— Können die vorgesehenen Investitionsausgaben getätigt werden?

— Kann das Unternehmen die versprochenen Tilgungen leisten?

Die Ertragssituation ist weniger von Interesse, da ein kurzfristiger Gewinneinbruch keine raschen Auswirkungen hat. Deshalb konzen-

Checkliste:
Vorbereitung kurzfristige Finanzplanung

Für die kurzfristige Finanzplanung müssen Sie folgende Daten bereitstellen:

Die aktuellen Bestände auf allen Bank- und Postkonti	☐
Die vorgesehenen Verkaufszahlen (Umsatz oder Absätze und Preise) für den ganzen Planungszeitraum	☐
Alle Baraufwände (Löhne, Mietzins, Leasingraten, Lieferantenrechnungen etc.) für den ganzen Planungszeitraum	☐
Die normalerweise eingehaltenen Zahlungsfristen der Kunden sowie die eigenen Zahlungsfristen für das Bezahlen von Lieferantenrechnungen	☐
Alle im Planungszeitraum vorgesehenen Investitionen und Desinvestitionen	☐
Alle freien Kreditlimiten sowie alle Tilgungsverpflichtungen	☐

triert sich die kurzfristige Finanzplanung auf die Vorgänge in den liquiden Mitteln, also zum Beispiel im Bankkonto.

Die Idee der kurzfristigen Finanzplanung ist einfach: Man orientiert sich an der Mittelflussrechnung und überlegt, welche Bewegungen im Bankkonto durch das laufende Geschäft, die Investitionstätigkeit und die Finanztätigkeit (vor allem die Aufnahme von Mitteln und die Tilgung von Schulden) ausgelöst werden.

Das ergibt eine Tabelle, die in den horizontalen Zeilen die Einnahmen und Ausgaben aufführt. Die vertikalen Spalten sind nach den Planungseinheiten gegliedert; für die M. AG sind es Monate (siehe das Beispiel im Anhang).

Investitionen und Schulden festhalten In der Regel können Sie die Auswirkungen von Investitionen sowie die Bewegungen in den Schulden mehr oder weniger direkt in die Tabelle eintragen: Ist eine Investition vorgesehen, setzen Sie in der entsprechenden Spalte die voraussichtliche Ausgabe ein – wie im Beispiel den Kauf von Handgeräten im Februar oder die Ausgaben für den Umbau im Juli. Falls über mehrere Monate abbezahlt wird, notieren Sie die entsprechenden Abzahlungsraten in den richtigen Spalten.

Auch die Schulden lassen sich in der Regel einfach festhalten: Wenn Tilgungszahlungen zu leisten sind, tragen Sie diese Ausgaben im richtigen Monat ein. Wenn neue Schulden gemacht werden sollen, führt dies im entsprechenden Monat zu einer Einzahlung aufs Bankkonto.

Das laufende Geschäft festhalten Die Erfassung des laufenden Geschäfts ist in der Regel etwas komplizierter. Häufig wird vorgängig eine Verkaufsplanung und eine Produktionsplanung gemacht, in der die entsprechenden Mengen und Preise festgelegt werden. Daraus ergeben sich dann die Zahlungsflüsse, die Sie in die Finanzplanung übernehmen. Zeigt sich, dass die Finanzplanung angepasst werden muss, verändern Sie nicht die Zahlungsflüsse, sondern passen den Verkaufs- und/oder den Produktionsplan an.

Ein weiterer Aspekt ist das Zahlungsverhalten der Kunden sowie Ihr eigenes Zahlungsverhalten gegenüber Lieferanten. Die M. AG geht davon aus, dass 80% der Erträge nach jeweils 30 Tagen eingehen, 20% erst nach zwei Monaten. Bei den Auszahlungen wird unterschieden zwischen Barkosten (zum Beispiel Mietzins, Löhne, aber auch Steuern) und anderen Kosten, die zwar auch zu Auszahlungen

---

Planungslogik

Die Planungslogik für das laufende Geschäft lässt sich folgendermassen darstellen:

Verkaufsplanung → **Produktionsplanung** → **Zahlungsverhalten = Ein- und Auszahlungen**

führen, bei denen die Firma aber ein Zahlungsziel von ebenfalls 30 Tagen hat.

Abschreibungen Kosten wie die Abschreibungen und Ähnliches werden in der kurzfristigen Finanzplanung gar nicht berücksichtigt, da sie ja das Bankkonto nicht beeinflussen.

Der Finanzplan der M. AG (siehe Anhang) zeigt unter anderem, dass die Firma spätestens ab September ein Problem haben wird, da der Kassenbestand unter Null sinkt. Sie muss also entweder rechtzeitig für einen neuen Kredit sorgen oder die vorgesehenen Investitionen nochmals überdenken und allenfalls verschieben.

Langfristig planen: Was passiert in der Bilanz?

Wollen Sie längerfristig planen, dürfen Sie die Ertragssituation nicht mehr vernachlässigen. Das langfristige Überleben hängt schliesslich davon ab, dass das Unternehmen Gewinne erzielt. Ausserdem geht es auf längere Sicht auch darum, dass die Bilanz richtig strukturiert ist, dass also zum Beispiel genügend langfristiges Kapital (Eigenkapital und langfristiges Fremdkapital) vorhanden ist. Es interessieren deshalb folgende Fragen:

— Macht das Unternehmen Gewinn?

— Ist genügend Eigenkapital vorhanden?

— Sind die Schulden richtig strukturiert?

— Hat das Unternehmen die Entwicklung des Umlaufvermögens im Griff?

Grundsätzlich bleibt sich die Planungslogik gleich. Allerdings spielt jetzt auf der einen Seite das Zahlungsverhalten keine zentrale Rolle mehr, auf der anderen Seite müssen zusätzlich die Abschreibungen berücksichtigt werden.

Die S. AG rechnet in der langfristigen Finanzplanung mit einer Umsatzsteigerung der Produktelinie 1 von 3 % pro Jahr. Die Umsätze der Produktelinie 2 werden als konstant angenommen. Der Personalaufwand steigt überproportional um 5 %, beim Material wird ein verbrauchsbedingter Mehraufwand von 1 % pro Jahr sowie ein teuerungsbedingter Anstieg von 5 % pro Jahr eingeplant. Die Teuerung wird auch die Baraufwände betreffen (siehe Beispiel im Anhang).

Zudem steht im Jahr 2009 eine Grossinvestition an: Der Maschinenpark soll vollständig erneuert werden. Diese Investition will die S. AG grösstenteils über langfristige Kredite finanzieren. Das Eigenkapital wird ebenfalls um Fr. 100 000.– heraufgesetzt; der Rest muss über den Cashflow bezahlt werden.

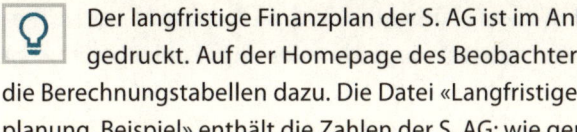 Der langfristige Finanzplan der S. AG ist im Anhang abgedruckt. Auf der Homepage des Beobachters finden Sie die Berechnungstabellen dazu. Die Datei «Langfristige Finanzplanung, Beispiel» enthält die Zahlen der S. AG; wie gerechnet wurde, sehen Sie am besten, wenn Sie die Formeln der Umsätze und Aufwände im zweiten Planungsjahr (2009) studieren. Anhand der Excel-Tabellen «Langfristige Finanzplanung, Vorlagen» können Sie Ihre eigenen Berechnungen anstellen.

Ihr Link: **www.beobachter.ch/finanzen36412008**

Rein von der Finanzierung her betrachtet, funktioniert der Plan der S. AG. Der Cashflow – hier Nettoumlaufvermögen genannt – bleibt positiv, steigt sogar deutlich an. Allerdings rutscht die Firma nach der Grossinvestition für den Maschinenpark in die Verlustzone und ihr Eigenfinanzierungsgrad verschlechtert sich deutlich. Dabei sind im Arbeitsblatt die Fremdkapitalzinsen noch gar nicht berücksichtigt. Der Plan zeigt also klar, dass die Geschäftsführung der S. AG das Vorhaben nochmals genau durchdenken muss, um einen Fehlentscheid zu verhindern.

Was wäre zum Beispiel, wenn die Erneuerung des Maschinenparks auf mehrere Jahre verteilt würde? Gibt es Massnahmen, um das verbrauchsbedingte Kostenwachstum zu begrenzen? Kann das teuerungsbedingte Kostenwachstum durch einen Lieferantenwechsel oder durch die Absicherung von Wechselkursrisiken gesteuert werden? Liesse sich die Wachstumsstrategie auch etwas weniger ehrgeizig umsetzen?

All diese und weitere Fragen muss sich die Geschäftsführung stellen. Die entsprechenden finanziellen Folgen kann sie abschätzen und in der Tabelle eintragen. Das Modell wird dann die Auswirkungen sofort zeigen.

Genauigkeit der Planung Selbstverständlich lässt sich die Bilanz auch feiner auflösen als im Beispiel, um die Entwicklung der Debitoren, der Kreditoren, der Vorräte etc. zu beobachten. Je feiner die Planung aber aufgebaut ist, desto mehr Annahmen müssen getroffen werden. Will eine Firmeninhaberin zum Beispiel den Debitorenbestand wissen, muss sie dazu das zukünftige Zahlungsverhalten

---

Checkliste: Vorbereitung langfristige Finanzplanung

Folgende Daten benötigen Sie für die langfristige Finanzplanung:

Die aktuellen Bestände des Umlauf- und Anlagevermögens sowie des Fremd- und Eigenkapitals ☐

Die vorgesehenen Verkaufszahlen (Umsatz oder Absätze und Preise) für den ganzen Planungszeitraum ☐

Alle Baraufwände (Löhne, Miete, Leasingzinsen, Lieferantenrechnungen etc.) für den ganzen Planungszeitraum ☐

Die Abschreibungsdauern für Anlagevermögen ☐

Alle vorgesehenen Investitionen und Desinvestitionen ☐

Alle freien Kreditlimiten sowie alle Tilgungsverpflichtungen ☐

der Debitoren abschätzen. Aus diesem Grund empfiehlt es sich, mit einem groben Planungsmodell anzufangen und nur dort zu verfeinern, wo Auskünfte wirklich notwendig sind.

Im Unterschied zur kurzfristigen wird bei der langfristigen Finanzplanung eher mit Wachstumsraten gerechnet, statt den Absatzplan Periode für Periode zu erstellen.

Kennzahlen und was sie aussagen

Kennzahlen sollen Ihnen einen schnellen Überblick über mögliche Probleme in Ihrer Firma geben. Eines gleich vorweg: Es gibt nicht einfach «die drei wichtigsten Kennzahlen» oder die «sechs besten Kennzahlen» – jedes Unternehmen ist speziell und für jedes Unternehmen muss speziell festgelegt werden, welche Kennzahlen die nötigen Aussagen liefern.

Kennzahlen gezielt einsetzen

Als sinnvoll hat sich in der Praxis erwiesen, insgesamt rund sechs Kennzahlen standardmässig zu berechnen und ihre Werte und Veränderungen regelmässig zu analysieren. Wenn Sie mehr Kennzahlen einsetzen, verlieren Sie schnell viel Zeit mit der Berechnung; betrachten Sie nur eine Kennzahl, riskieren Sie, wichtige Probleme zu übersehen.

Da es in einem Unternehmen immer irgendwo ein Problem gibt, setzt man Kennzahlen gezielt dort ein, wo sich Probleme schnell zu einer ernsten Bedrohung entwickeln können. In kleinen und mittleren Betrieben sind das vor allem drei Bereiche:

— Liquidität und Verschuldung

— Rentabilität und Ertragskraft

— Bilanzsolidität

Die folgenden Abschnitte zeigen Ihnen, wie Sie am besten vorgehen, wenn Sie in Ihrem Betrieb Kennzahlen einsetzen wollen. Sie können dabei auf Standardkennzahlen zurückgreifen – mit ein wenig Verständnis für die Sache können Sie aber problemlos auch eigene Kennzahlen entwerfen.

Welche Kennzahlen sind sinnvoll?

Vorgefertigte Kennzahlen gibt es buchstäblich wie Sand am Meer. Verkompliziert wird die Sache noch dadurch, dass oft für die gleiche Kennzahl eine ganze Anzahl verschiedener Bezeichnungen auf Deutsch und Englisch verwendet werden, sodass dem Laien – und manchmal auch dem Experten – nicht mehr klar ist, wovon denn eigentlich die Rede ist. Es ist deshalb wichtig, dass immer auch die Art der Berechnung angegeben wird – diese zeigt eindeutig, ob zwei

Kennzahlen mit unterschiedlichen Bezeichnungen den gleichen Informationsgehalt haben oder ob es sich dabei tatsächlich um verschiedene Zahlen handelt.

Welche Kennzahlen aber sind die richtigen für Ihren Betrieb? Die korrekte Antwort muss in zwei Gegenfragen bestehen:

— Bei welchen unternehmerischen Fragen brauchen Sie als Entscheidungsgrundlage eine Zahl, die Sie nicht einfach aus der Bilanz oder der Erfolgsrechnung entnehmen können?

— Welche Kennzahlen verlangt Ihre Bank?

Um die erste Frage beantworten zu können, finden Sie im Folgenden zuerst eine «Bauanleitung» für Kennzahlen. Anschliessend wird eine Reihe von Kennzahlen kurz erläutert, die in der Praxis häufig verwendet werden. Vielleicht findet sich dabei ja eine, die genau auf Ihre Bedürfnisse passt oder die Sie einfach adaptieren können.

Kreditgeber berechnen bei der Beurteilung der Kreditfähigkeit und -würdigkeit von Unternehmern vermehrt selber bestimmte Kennzahlen. Sie sind deshalb gut beraten, wenn Sie sich kundig machen, um welche Kennzahlen es geht, und diese dann – wie wenn Sie Ihre eigene Bank wären – selber beobachten und steuern.

Die Risikobeurteilung der Banken

Die Banken haben sich international auf die Organisation der Kreditvergabeprozesse verständigt. Das Abkommen mit dem Namen «Basel II» verlangt, dass die Kreditkonditionen – vor allem die Zinsen – risikogerecht festgesetzt werden. Schuldner, die ein vergleichsweise hohes Risiko für ein Finanzinstitut darstellen, sollen also höhere Zinsen zahlen als «sicherere» Schuldner. Durch ein Rating werden die Kredite in Risikoklassen eingeteilt und je nach Klasse werden dann die Konditionen festgelegt oder ein Kreditgesuch wird gar abgelehnt.

Rating und Kreditkonditionen Wie das Rating im Detail ablaufen soll, ist nicht in Basel II definiert, sondern wird von jeder Bank selber festgelegt (und gelegentlich wieder geändert). Jedes Rating umfasst aber auch die Analyse von Kennzahlen. Die Bank berechnet diese aus Ihrem Abschluss und weiteren Informationen. Im Wesentlichen geht es auch dabei um die Bereiche Liquidität, Ertragskraft und Bilanzsolidität. Die wichtigsten dieser Kennzahlen werden ab Seite 125 kurz erläutert.

Ergänzt werden diese quantitativ ausgerichteten Kennzahlen durch qualitative Elemente, indem die Bank eine Antwort auf Fragen der folgenden Art sucht:

— Sind die Verantwortlichen des Unternehmens «solide» Geschäftsleute? Verstehen sie etwas von ihrem Geschäft und sind sie willens, ihre Kreditverpflichtungen auch tatsächlich einzulösen?

— Ist die Firma in einem interessanten Markt und, verglichen mit der Konkurrenz, in einer guten Position?

— Macht das Rechnungswesen – unabhängig vom Wert der Zahlen – einen seriösen Eindruck? Verstehen die Verantwortlichen diese Zahlen und ziehen sie bei unternehmerischen Entscheiden aktiv in Betracht?

Erst wenn auch die qualitative Seite abgeklärt ist, wird die Bank Sie bzw. Ihr Unternehmen einer Risikoklasse zuordnen.

Interessant: Vergleichszahlen

Kennzahlen für sich allein betrachtet haben wenig Aussagekraft. Neben den unternehmensinternen Soll-Ist-Vergleichen und den Entwicklungstendenzen sind auch Branchenvergleiche interessant. Allerdings ist es nicht ganz einfach, brauchbare Vergleichszahlen zu erhalten. Schliesslich bieten Kennzahlen eine intime Innensicht eines Unternehmens.

Veröffentlichte Kennzahlenergebnisse sind meist von Aussenstehenden aufgrund der publizierten, externen Abschlüsse von Unternehmen erstellt und deshalb mit Vorsicht zu verwenden. Ein Beispiel für diese Kategorie sind die auf der Grundlage von Daten des Bundesamts für Statistik erstellten Kennzahlenvergleiche über ganze Branchen hinweg.

 Eine Zusammenstellung solcher Kennzahlen, gruppiert nach Branchen, finden Sie im Anhang.

Gute Quellen: ERFA-Gruppen Aussagekräftiger sind Kennzahlen, die im Rahmen von Erfahrungsaustauschgruppen erstellt werden. Solche ERFA-Gruppen werden gelegentlich von Branchen- und Interessenverbänden organisiert; Einblick in die Kennzahlen erhalten Sie aber nur, wenn Sie Mitglied werden, was natürlich nicht kostenlos ist.

Falls Sie für Ihre Geschäftstätigkeit keine ERFA-Gruppe finden, können Sie sich auch überlegen, mit anderen Unternehmern zusammen selber eine zu gründen. Nach der Gründung wird die Moderation und Administration einer solchen Gruppe häufig einer externen Stelle übertragen. Infrage kommen neutrale Aussenstehende, denen die Gruppenmitglieder besonders vertrauen: beispielsweise Treuhänder, Hochschulen, Branchenorgane etc. Eine solche externe Moderationsstelle fordert die Zahlen von den ERFA-Mitgliedern ein, berät sie in der konkreten Berechnung oder ermittelt die Kennzahlen gleich selber aufgrund der Abschlüsse und weiterer Informationen. Sie anonymisiert die Daten, errechnet Gruppendurchschnitte und -abweichungen etc. – je nach Auftrag.

Kennzahlen selber definieren

Kennzahlen sind Führungshilfsmittel. Führung setzt Ziele voraus. Eine Kennzahl soll in der Regel die Zielerreichung bei einem, seltener bei mehreren Zielen messen. Der Einsatz von Kennzahlen macht also nur Sinn, wenn klare Ziele bestehen.

Kennzahlen sollen Antworten auf konkrete Fragen liefern. Bevor sie also definiert und eingesetzt werden können, müssen die Fragen

---

Checkliste: Ihre eigenen Kennzahlen

Wichtigste Unternehmensziele
Wonach strebe ich grundsätzlich (Rentabilität, Produktivität, Sicherheit etc.)? ....

Anforderungen der Kreditgeber
Wonach wird meine Kreditwürdigkeit und -fähigkeit beurteilt? ....

Besondere Risiken
— Welche Grössen sind für meinen Erfolg besonders kritisch und müssen deshalb beobachtet werden? ....

— Brauche ich dafür wirklich Kennzahlen oder kann ich diese Grössen auch anders beobachten? ....

— Wie genau müssen meine Kennzahlen sein? ....

Verfügbare Instrumente und Daten
— Welche Instrumente des Rechnungswesens stehen mir überhaupt zur Verfügung? ....

— Wie viel Zeit kann ich mir für die Interpretation der Kennzahlen nehmen? ....

---

präzise gestellt sein. Hinweise auf mögliche Fragestellungen haben Sie in den vorangehenden Kapiteln erhalten. Um systematisch eigene Kennzahlen zu entwickeln, sollten Sie aber Ihre Informationsbedürfnisse anhand der folgenden Checkliste durchdenken. Möglicherweise stellt sich bei der Analyse heraus, dass Sie vor der Einführung von Kennzahlen Ihre unternehmerischen Ziele klarer formulieren müssen.

Informationsbedürfnisse prüfen

Die Definition und vor allem die Berechnung und Interpretation von Kennzahlen beansprucht Zeit, die grundsätzlich unproduktiv ist. Bevor Sie diesen Aufwand auf sich nehmen, sollten Sie sich genau überlegen, wo besondere Risiken bestehen, die Sie nur mithilfe von Kennzahlen in den Griff bekommen: Regelmässige Rundgänge im Betrieb sowie Gespräche mit den Mitarbeitern ergeben unter Umständen einen genauso zutreffenden Einblick in die Produktivität und die Auftragslage wie ausgetüftelte Produktivitäts- und Auslastungskennzahlen.

Entscheidend ist auch, welche Instrumente des Rechnungswesens zur Verfügung stehen. Es ist sinnlos, sich über die Vor- und Nachteile verschiedener Cashflow-Konzepte beim Verschuldungsfaktor Gedanken zu machen, wenn in Ihrer Firma ohnehin keine Mittelflussrechnung erstellt wird, die diese Zahlen liefern könnte.

Nur in seltenen Fällen wird es sich lohnen, das Rechnungswesen auszubauen, um genauere Kennzahlen zu erhalten: Aufgabe der Kennzahlen ist es, die bestehenden Instrumente optimal auszuwerten, und nicht, die Komplexität des Rechnungswesens zu steigern. Eine prominente Ausnahme machen die schon genannten Anforderungen von Kreditgebern.

Das Berechnen von Kennzahlen hat in der Regel nur dann einen Sinn, wenn die Finanzbuchhaltung nicht durch stille Reserven verfälscht ist bzw. wenn man sie gestützt auf die internen und nicht die externen Zahlen berechnet. Je nach Situation müssen Sie deshalb vor der Kennzahlenberechnung die externen Zahlen bereinigen.

Bauanleitung an einem Beispiel

Sobald klar ist, welche Fragen Sie beantwortet haben wollen, können Sie an die Bestimmung der Kennzahlen gehen. Kennen Sie keine, die auf Ihr Problem passt, spricht nichts dagegen und viel dafür, dass Sie Kennzahlen selber entwerfen. Sofern Sie dabei sorgfältig vorgehen, hat dies den grossen Vorteil, dass Sie Ihre Kennzahl genau kennen und deshalb auch die Resultate präzise interpretieren können. Auf «Kennzahlen-Heimwerker» lauern allerdings ein paar Fallen, die im folgenden Beispiel deutlich werden.

Albert D., Inhaber eines Spenglereibetriebs, überlässt die Finanzbuchhaltung und die Überwachung von Liquidität und Rentabilität seiner Treuhänderin, zu der er volles Vertrauen hat. In diesem Bereich braucht er keine zusätzlichen Informationen. Sorgen macht ihm hingegen die Auslastung des Betriebs. Ihm ist klar, dass bei mangelhafter Auslastung die Stückkosten steigen und seine Marge zusammenfällt. Deshalb will er diesen Bereich mit einer Kennzahl überwachen.

Bei allen akquirierten Aufträgen schätzt Herr D. ab, wie viele Personenstunden Arbeit sie bedeuten, und setzt dies in Bezug zur monatlichen Stundenkapazität des Betriebs: akquirierte Stunden dividiert durch Monatskapazität. Diese Kennzahl – er nennt sie seinen «Arbeitsvorrat» – zeigt ihm, für wie viele Monate er noch Aufträge in der Pipeline hat.

Mit Besorgnis stellt der Unternehmer in den nächsten Monaten fest, dass sein Arbeitsvorrat ständig zurückgeht. Um dem entgegenzuwirken, beschliesst er, mehr Grossaufträge bei Überbauungsprojekten zu akquirieren, was ihm auch gelingt. Um Auslastungsspitzen vorzubeugen, die seine Kapazität überfordern könnten, widmet er der Arbeits- und Einsatzplanung besondere Sorgfalt. Tatsächlich nimmt der Arbeitsvorrat zu und die Mitarbeiter sind dank vorausschauender Planung gleichzeitig produktiv und bei guter Stimmung. Deshalb ist Albert D. völlig überrascht, als seine Treuhänderin Alarm schlägt und auf die rapide Verschlechterung der Liquidität und – langfristig noch bedenklicher – der Rentabilität hinweist.

Was war passiert? Nun, die Akquisition von Grossaufträgen geht oft auch über den Preis – die Auslastung wird zwar gesteigert, die Marge aber wird kleiner, falls die tieferen Preise nicht durch entsprechende Kostensenkungen kompensiert werden können.

Albert D. beschliesst deshalb, bei der Akquisition künftig auch die Marge pro Auftrag abzuschätzen und mit zu berücksichtigen. Zu diesem Zweck berechnet er jeweils die für einen Auftrag nötigen Personal- und Materialkosten, zieht diese vom offerierten Betrag ab und setzt das Resultat ins Verhältnis zum Offertbetrag:

$$\frac{(\text{Offertbetrag} - \text{Personalkosten} - \text{Einzelmaterialkosten})}{\text{Offertbetrag}} \times 100$$

Zwar ist dies noch keine buchhalterisch sauber berechnete Gewinnmarge, aber der Spenglerei-Inhaber beleuchtet nun die Attraktivität eines Auftrags von zwei Seiten: aus dem Blickwinkel der Auslastung (Kennzahl «Arbeitsvorrat») und unter dem Aspekt der Wirtschaftlichkeit (Kennzahl «Marge»). Dies verhindert, dass er die Aufträge allzu einseitig auswählt, und hilft ihm, das ursprüngliche Ziel – Halten oder Verbessern des Gewinns durch Reduktion der Stückkosten – im Auge zu behalten.

Aus dem Beispiel lassen sich mehrere Lehren ziehen: Erstens ist bei einer Kennzahl sorgfältig darauf zu achten, durch welche Einflussfaktoren sie verändert wird. Dazu geht man die Bestandteile der Formel durch und fragt dann weiter nach. Im Beispiel: Wann verändert sich die Summe der akquirierten Stunden? Antwort: Wenn ich mehr Aufträge akquiriere und/oder wenn ich zeitaufwendigere Aufträge akquiriere.

Zu einer Kennzahl gehört zweitens ein Ziel. Im Beispiel bestand das ursprüngliche Ziel darin, die Auslastung zu steigern, um die Marge pro Stück zu verbessern. Bei seiner ersten Kennzahl aber verlor der Spenglerei-Inhaber die Marge völlig aus den Augen – er tat so, als ob die Steigerung der Auslastung das eigentliche und letzte Ziel sei.

Von Vorteil ist es auch, mehrere Kennzahlen zu verwenden, die nicht genau parallel reagieren. Wirtschaften bedeutet letztlich immer abwägen zwischen verschiedenen, einander teilweise widersprechenden Möglichkeiten. Wird nur eine Kennzahl verwendet, gerät ein Betrieb schnell in eine ungemütliche Situation, da die Verantwortlichen nicht realisieren, dass eine Verbesserung am einen Ort fast immer eine Verschlechterung an einem anderen bedeutet.

Regeln zu Kennzahlen Schliesslich – und das ist vielleicht der wichtigste Punkt – sollten Sie folgende Regeln beachten, damit Ihre Kennzahlen nicht zu einem Datenfriedhof werden:

— Berechnen und analysieren Sie regelmässig nicht mehr als sechs Kennzahlen.

— Verwenden Sie nur Kennzahlen, bei denen Sie wirklich begriffen haben, was sie aussagen und wie Veränderungen interpretiert werden müssen.

— Definieren Sie möglichst bald – am besten bereits am Anfang –, welchen Wert eine Kennzahl annehmen soll: Setzen Sie Zielwerte und analysieren Sie dort hartnäckig, wo die Ziele nicht erreicht werden.

— Erheben Sie Kennzahlen regelmässig, beispielsweise jedes Quartal, und vergleichen Sie die Werte mit den Vorperioden. So kommen Entwicklungstendenzen deutlich zum Vorschein.

Kennzahlen zur Liquidität und Verschuldung

Die Frage: «Habe ich genügend liquide Mittel?», und die Frage: «Habe ich zu viele Schulden?», sind eng verwandt und werden deshalb hier zusammen betrachtet.

Soll eine Kennzahl auf diese Fragen Antwort geben, müssen sie allerdings zuerst präziser gestellt werden. «Genügend Mittel» im Vergleich wozu? «Zu viele Schulden» verglichen womit?

Die Liquiditätsgrade 1 bis 3

Eine erste Gruppe von Kennzahlen, die Liquiditätsgrade, gibt Antwort auf folgende, präzisierte Frage: «Welchen Prozentsatz der kurzfristigen Schulden könnte ich jetzt tilgen, wenn alle fällig wären?»

— Der Liquiditätsgrad 1 vergleicht die liquiden Mittel mit dem kurzfristigen Fremdkapital (siehe Grafik).

— Da aber die kurzfristigen Schulden in der Regel nicht sofort fällig werden, kann man genauso sinnvoll die liquiden Mittel plus die Debitoren (die ja im Durchschnitt auch in den nächsten 15 bis 20 Tagen eingehen sollten) mit dem kurzfristigen Fremdkapital vergleichen – das ist der Liquiditätsgrad 2.

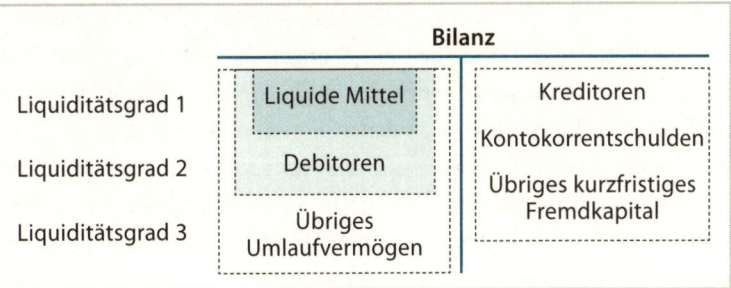

— Schliesslich kann man das gesamte Umlaufvermögen – dazu gehören insbesondere auch die Vorräte, die ja verkauft und zu Bargeld gemacht werden sollen – einbeziehen und erhält den Liquiditätsgrad 3.

Die Berechnungsformeln für die Liquiditätsgrade zeigt die unten stehende Tabelle. Darin sind auch die englischen Bezeichnungen aufgeführt. Zudem ist als Faustregel angegeben, welchen Wert die Kennzahlen ungefähr haben sollten. Ein Liquiditätsgrad 1 von 50 % bedeutet, dass mit den vorhandenen flüssigen Mitteln die Hälfte der kurzfristigen Schulden zurückgezahlt werden könnte.

Liquiditätsgrade: Formeln und Sollbereiche

Name	Berechnung	Sollbereich
Liquiditätsgrad 1 (cash ratio)	$\dfrac{\text{Flüssige Mittel}}{\text{Kurzfristiges Fremdkapital}} \times 100$	Deutlich unter 100 % (30 % – 60 %)
Liquiditätsgrad 2 (quick ratio)	$\dfrac{\text{Flüssige Mittel + Debitoren}}{\text{Kurzfristiges Fremdkapital}} \times 100$	Ungefähr 100 %
Liquiditätsgrad 3 (current ratio)	$\dfrac{\text{Umlaufvermögen}}{\text{Kurzfristiges Fremdkapital}} \times 100$	Deutlich über 100 % (130 % – 160 %)

Liquiditätsgrade als Warnlampen Liegt für ein Unternehmen ein Liquiditätsgrad ausserhalb des Sollbereichs, bedeutet das noch nicht, dass dieses Unternehmen tatsächlich in Schwierigkeiten steckt. Die Liquiditätsgrade sind – wie alle Kennzahlen – als Warnlämpchen aufzufassen: Wenn sie aufleuchten, ist die Situation näher zu untersuchen. Erst die Analyse wird dann zeigen, ob tatsächlich ein Problem vorliegt oder ob nur scheinbar etwas nicht in Ordnung ist. Die Liquiditätskennzahlen ersetzen denn auch nicht die auf den Ein- und Auszahlungen basierte Finanzplanung. Sie helfen aber bei der Grobbeurteilung, ob eine «Störung» vorliegt.

In einem Dachdeckerbetrieb werden die Liquiditätsgrade quartalsweise berechnet. Dabei zeigt sich, dass alle drei plötzlich deutlich unter den Sollbereich gesunken sind: Der Liquiditätsgrad 1 liegt bei 10%, der Liquiditätsgrad 2 nur noch bei 50% und der Liquiditätsgrad 3 bei knappen 117%. Der Inhaber analysiert die Situation und stellt Folgendes fest:

Kurz vor dem Stichtag der Berechnung konnte er einen grösseren Auftrag akquirieren. Im Hinblick auf diesen Auftrag wurde für Fr. 15 000.– Material auf Kredit eingekauft, was die Kreditoren stark

Die Situation des Dachdeckerbetriebs in Zahlen

Situation im Vorquartal

Liquide Mittel	3 000	Bank	5 000	Liq. Grad 1	20%
Debitoren	12 000	Kreditoren	10 000	Liq. Grad 2	100%
Vorräte	5 000			Liq. Grad 3	133%

Kauf Vorräte 15 000

Situation jetzt

Liquide Mittel	3 000	Bank	5 000	Liq. Grad 1	10%
Debitoren	12 000	Kreditoren	25 000	Liq. Grad 2	50%
Vorräte	20 000			Liq. Grad 3	117%

Rechnungstellung 25 000

Erwartete Situation nach der Abrechnung des Auftrags

Liquide Mittel	3 000	Bank	5 000	Liq. Grad 1	10%
Debitoren	37 000	Kreditoren	25 000	Liq. Grad 2	133%
Vorräte	5 000			Liq. Grad 3	150%

aufblähte und damit die Liquiditätsgrade reduzierte. Da der Inhaber gestützt auf die Auftragsbestätigung davon ausgeht, dass er den Auftrag mit Fr. 25 000.– in Rechnung stellen kann, und auch kein Zweifel besteht, dass der Kunde bezahlen wird, beschliesst er, vorerst keine Massnahmen zur Verbesserung der Liquidität zu ergreifen. Er beobachtet aber die Situation genau, um bei einer Verzögerung des Auftrags sofort reagieren und mit der Bank über eine kurzfristige Erhöhung der Kreditlimite verhandeln zu können.

Anders läge die Situation, wenn die Zunahme in den Vorräten nicht auf einen konkreten Auftrag, sondern auf schlechtes Einkaufsmanagement zurückzuführen wäre. Dann käme ein ernsthaftes Liquiditätsproblem auf den Betrieb zu, dem der Inhaber rasch vorbeugen müsste: mit einer Verbesserung der Materialbedarfsplanung, einem Gespräch mit der Bank über eine Zwischenfinanzierung oder durch Abstossen der Vorräte, notfalls unter dem Einstandspreis.

Liquiditätsgrade richtig interpretieren Das Beispiel zeigt deutlich, dass die Sollbereiche lediglich Richtgrössen darstellen. Bei der Interpretation der Liquiditätsgrade Ihres Unternehmens sollten Sie zudem folgende Punkte mit einbeziehen:

— Liquiditätsgrade sind enorm stichtagsabhängig und «stimmen» jeweils nur für einen Tag – es kommen also oft stärkere Schwankungen vor. Die Sollbereiche müssen deshalb im Durchschnitt eingehalten werden.

— Die Sollbereiche beziehen sich auf eine durchschnittliche Unternehmung in durchschnittlichen Umständen. Je nach Branche und auch je nachdem, ob ein konkreter Betrieb in einer Wachstums- oder Schrumpfungsphase steckt, sind länger anhaltende Über- oder Unterschreitungen der Sollbereiche zu erwarten.

— Es werden immer alle drei Liquiditätsgrade auf einmal berechnet. Die Zahlungsvorgänge müssen näher untersucht werden, wenn zwei oder drei Liquiditätsgrade ausserhalb des Sollbereichs liegen (siehe auch Cash Cycle, Seite 96).

— Auch Abweichungen nach oben – beispielsweise ein Liquiditätsgrad 3 von über 200 % – sind zu untersuchen. Dann besteht
nämlich der Verdacht, dass zu viel totes Kapital gehortet wird.

Die Verschuldungsfaktoren

Einen anderen Blickwinkel auf die Frage, ob die Liquidität ausrei-
chend ist, bieten die Verschuldungsfaktoren, die den Cashflow aus
Geschäftstätigkeit zu den Schulden in Beziehung setzen. Sie liefern
Antworten auf die Frage: «Wie lange dauert es, bis alle Schulden zu-
rückbezahlt wären?»

Formel für den Verschuldungsfaktor

$$\text{Verschuldungsfaktor} = \frac{\text{Fremdkapital} - \text{Liquide Mittel}}{\text{Ø Cashflow}}$$

Die Idee dahinter: Falls eine Firma die Schulden wirklich zurückzahlen müsste, würden wohl zuerst die vorhandenen liquiden Mittel eingesetzt. Die restlichen Schulden (Fremdkapital minus liquide
Mittel) – bisweilen auch Effektivverschuldung genannt – würden
dann mittels des Cashflows nach und nach zurückgezahlt. Aus dem
Verschuldungsfaktor lässt sich ableiten, wie lange dieser Vorgang
dauern würde. Basiert die Berechnung auf dem Quartals-Cashflow,
bedeutet ein Verschuldungsfaktor von 10, dass eine vollständige Rückzahlung der Schulden zehn Quartale oder zweieinhalb Jahre dauern
würde.

Unterschiedliche Arten von Schulden Bevor nun der Verschuldungsfaktor berechnet und interpretiert wird, sind ein paar
weitere Überlegungen nötig. Die Kennzahl soll ja zeigen, ob das
Unternehmen durch die angehäuften Schulden nicht in seiner Rück-
zahlungsfähigkeit überfordert ist.

Gewisse Schulden wie etwa Hypotheken sind aber von vornherein nicht zur Tilgung vorgesehen – sie werden im Normalfall immer wieder verlängert und erst bei einer Liquidation des Unternehmens definitiv abgelöst. Unter Umständen ist dies auch für andere Schulden der Fall, beispielsweise für ein Darlehen der Ehepartnerin, das nach beidseitiger Auffassung bis zu einer güterrechtlichen Auseinandersetzung oder bis zur Liquidation im Geschäft bleiben soll. Solche Schulden müssen bei der Berechnung der Effektivverschuldung eigentlich nicht berücksichtigt werden. Ob dies auch für Ihr Unternehmen zutrifft, müssen Sie allerdings anhand Ihrer konkreten Situation analysieren.

Free Cashflow   Auch beim Cashflow ist zu entscheiden, welche Grösse die richtige ist. Eine Möglichkeit besteht darin, einfach den Cashflow aus Geschäftstätigkeit in die Gleichung einzusetzen. Damit wird aber vernachlässigt, dass ein Teil dieses Cashflows gar nicht für die Tilgung von Schulden verwendet werden kann, da er für die laufenden notwendigen Investitionen gebraucht wird. Besser geeignet ist der sogenannte Free Cashflow, bei dem die durchschnittlichen Zahlungen für Investitionen schon abgezogen sind (zum Cashflow siehe Seite 88).

Für den Verschuldungsfaktor gibt es keine absoluten Sollbereiche. Er sollte aber in der Nähe der durchschnittlichen Laufzeit des betrachteten Fremdkapitals liegen.

Berechnung des Verschuldungsfaktors in kleineren Betrieben

Einfach	Einfach abgeschätzter Cashflow aus Geschäftstätigkeit in Beziehung zum ganzen Fremdkapital minus liquide Mittel
Genau	Genau berechneter Cashflow aus Geschäftstätigkeit in Beziehung zum ganzen Fremdkapital minus liquide Mittel minus einzelne, nicht zu tilgende Posten

Im Fitnessstudio A sind die liquiden Mittel im Schnitt etwa halb so hoch wie die Kreditoren. Die Effektivverschuldung besteht also aus den halben Kreditoren, einem Betriebskredit und einer Hypothek. Der Betriebskredit hat eine Laufzeit von drei Jahren, die Hypothek eine von fünf. Da die Hälfte der Kreditoren vom Betrag her gegenüber dem Betriebskredit und der Hypothek sehr klein ist, liegt die durchschnittliche Laufzeit der Effektivverschuldung in der Nähe von vier Jahren. Der Verschuldungsfaktor – berechnet mit einem Jahres-Cashflow – sollte also ebenfalls zwischen 4 und 10 liegen. Würde die Effektivverschuldung ohne die Hypothek berechnet, müsste der Verschuldungsfaktor allerdings deutlich niedriger sein und ungefähr bei 3 bis 6 liegen.

Kennzahlen zur Rentabilität und Ertragskraft

Unter dem Oberbegriff «Rendite» findet man eine Anzahl Kennzahlen, die – grob gesagt – den Gewinn des Unternehmens in Beziehung zu einer anderen Grösse setzen, zum Beispiel zum eingesetzten Kapital oder zum Umsatz. Sie werden in Prozent angegeben.

Die Grundfrage, die diese Kennzahlen beantworten, lautet: «Wenn ich Fr. 100.– in mein Unternehmen stecke, wie viel erhalte ich davon pro Periode zurück?» Da die Frage in zwei Punkten ungenau ist, gibt es zwei Gruppen von Renditekennzahlen.

Die Kapitalrendite

Die Kapitalrendite-Kennzahlen beantworten folgende Frage: «Wie viel Zins wirft das in die Firma investierte Kapital ab?» Es wird also so getan, als ob eine Investition in ein Unternehmen einfach eine Alternative zu anderen Vermögensanlagen sei. Die Infrastruktur eines Betriebs verursacht einerseits Aufwand, da Ressourcen verbraucht werden, und generiert andererseits Ertrag. Es resultiert ein Rohgewinn, der zwischen den Fremdkapitalgebern und den Eigenkapitalgebern aufgeteilt wird. Entsprechend können zwei Kapitalrenditen berechnet werden:

— Für die Eigenkapitalrendite wird der Gewinn als Zins auf dem Eigenkapital angesehen.

— Das Gesamtkapital – die Summe aus Fremd- und Eigenkapital, also die Bilanzsumme – erwirtschaftet als Rendite einerseits die Fremdkapitalzinsen, andererseits den Gewinn (Formeln siehe nebenstehenden Kasten).

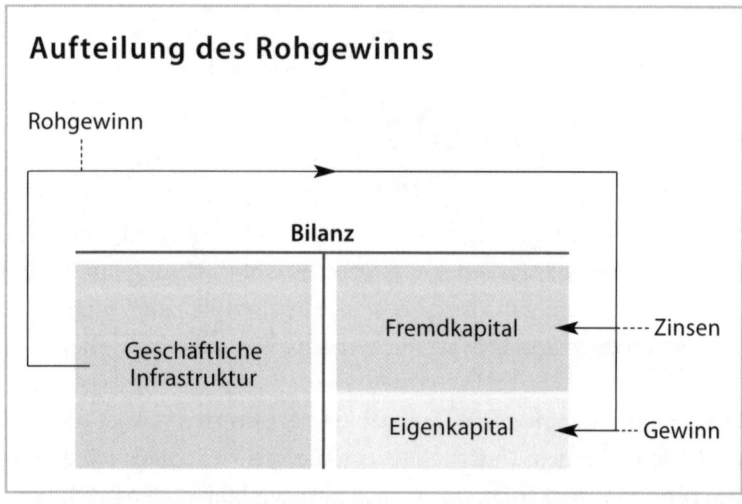

Aufteilung des Rohgewinns

Rohgewinn

Bilanz

Geschäftliche Infrastruktur

Fremdkapital ← ---- Zinsen

Eigenkapital ← ---- Gewinn

Relevant: Eigenkapitalrendite In der betriebswirtschaftlichen Literatur gibt es einen ganzen Strauss von Kapitalrendite-Kennzahlen. Meist werden sie mit Abkürzungen nach ihrer englischen Bezeichnung benannt: ROIC, ROCE, ROA etc. Sie alle lassen sich als Spezialfälle der oben genannten darstellen und unterscheiden sich lediglich in den Feinheiten der Berechnung (Was wird als geschäftliche Infrastruktur bezeichnet? Wie wird der Rohgewinn genau berechnet?). Für kleine und mittlere Unternehmen haben solche Details aber keine wirkliche Bedeutung.

In der Regel ist die Eigenkapitalrendite die aussagekräftigere Zahl. Da das Eigenkapital das unternehmerische Risiko trägt, interessiert ja vor allem die Frage, ob sich für dieses Risiko auch eine Entschädigung erwirtschaften lässt.

Formeln für die Kapitalrenditen

Kennzahl	Frage	Formel
Eigenkapitalrendite (return on equity ROE)	Welche Rendite erziele ich als Eigentümer?	$\dfrac{\text{Gewinn}}{\text{Ø Eigenkapital}} \times 100$
Gesamtkapitalrendite (return on investment ROI)	Welche Rendite erzielen alle Kapitalgeber im Schnitt?	$\dfrac{\text{Gewinn + Zinsen}}{\text{Ø Gesamtkapital}} \times 100$

Sandra C., Inhaberin eines Dorfladens, erstellt ihren Abschluss. Auf der Aktivseite der Bilanz befinden sich Werte von insgesamt Fr. 200 000.– (die Ladenfläche ist gemietet und deshalb nicht in der Bilanz enthalten). Frau C. hat Fremdkapital von Fr. 50 000.–. Das Eigenkapital stammt aus ihren Ersparnissen sowie einem Erbvorbezug. Die Erfolgsrechnung weist einen Jahresgewinn von rund Fr. 95 000.– aus, was – auf den ersten Blick – eine Eigenkapitalrendite von 63 % ergibt. Bei genauerer Betrachtung merkt die Inhaberin jedoch, dass sie keinen Lohn für sich gebucht hat. Sie schätzt, dass der Lohn inklusive Sozialleistungen für einen Geschäftsführer etwa Fr. 90 000.– ausmachen würde, und zieht diesen Betrag ab. Nun kennt sie ihren wahren Gewinn, nämlich rund Fr. 5000.–, was einer Eigenkapitalrendite von 3 % entspricht. Eine solche Rendite liesse sich langfristig aber genauso gut mit einer konservativen Vermögensanlage und ohne grosses Risiko erzielen

– und Sandra C. könnte daneben noch ein Erwerbseinkommen als Angestellte haben.

Was Einzelunternehmer beachten sollten Führen Sie Ihren Betrieb als Einzelunternehmer und wollen Sie mit Kapitalrendite-Kennzahlen arbeiten, sollten Sie vor allem Folgendes bedenken:

— Die Berechnung von Kapitalrenditen setzt voraus, dass die geschäftliche Infrastruktur vom Privatvermögen des Einzel-unternehmers getrennt ist – und zwar möglichst präzise: Welche Räume, Materialien etc. werden geschäftlich genutzt, welche nur privat? Bei gemischt genutzten Aktiven – zum Beispiel einem privaten Keller, der auch als Lagerraum dient – muss der prozentuale Anteil der geschäftlichen Nutzung geschätzt werden.

— In Einzelunternehmen – manchmal auch in Personengesell-schaften – wird gelegentlich für den Inhaber oder die Inhaberin kein Lohn verbucht. Was dann als «Gewinn» in der Buchhal-tung erscheint, ist in Wahrheit die Summe aus «Lohn plus Eigen-kapitalzins». Die Berechnung der Kapitalrenditen setzt jedoch voraus, dass beim Rohgewinn alle Löhne schon abgezogen sind. Wie bei der Kostenrechnung ist es auch hier wichtig, dass Sie einen Lohn für sich selber einsetzen – ansonsten täuschen Sie sich gewaltig über die Rendite des geschäftlich genutzten Vermögens (siehe auch Beispiel Seite 77).

Die Umsatzrendite

Die zweite Familie der Renditekennzahlen setzt den Gewinn oder den Rohgewinn in Beziehung zum Umsatz. Die zugehörige Frage lautet: «Welcher Anteil des Umsatzes landet letztlich bei den Kapital-gebern?» Je nachdem, ob die Kennzahl für alle Kapitalgeber oder nur für die Eigenkapitalgeber berechnet werden soll, ergeben sich unter-schiedliche Formeln.

Formeln für die Umsatzrenditen

Kennzahl	Frage	Formel
Umsatzrendite auf dem Eigenkapital (Reingewinnmarge)	Welche Rendite erziele ich als Eigentümer?	$\dfrac{\text{Gewinn}}{\text{Umsatz}} \times 100$
Umsatzrendite auf dem Gesamtkapital	Welche Rendite erzielen alle Kapitalgeber im Schnitt?	$\dfrac{\text{Gewinn} + \text{Zinsen}}{\text{Umsatz}} \times 100$

Die Umsatzrendite ist insbesondere in Wachstumsphasen eine wichtige Kennzahl. Sie zeigt, ob ein Betrieb, der im Umsatz stark wächst, dabei die Kontrolle über die Preise bzw. die Kosten behält oder sie langsam verliert. Umsatz allein trägt ja noch nicht zum Unternehmenserfolg bei. Ertragskraft zu haben bedeutet im Grund nichts anderes, als langfristig am Markt höhere Preise durchsetzen zu können, als man selber Kosten hat. Nimmt die Umsatzrendite über ein paar Jahren ab, ist dies ein Hinweis darauf, dass die Ertragskraft des Unternehmens am Erlahmen ist.

Kennzahlen zur Bilanzsolidität

Die Ausgangsfrage bei dieser Kennzahlengruppe lautet: «Sind die Aktiven solide finanziert? Oder besteht die Gefahr, dass plötzlich das Kapital für wichtige Teile des Unternehmens fehlt?»

Die Kennzahlen, welche die entsprechenden Antworten geben, werden deshalb auch als Finanzierungskennzahlen bezeichnet. Bevor man jedoch nach Antworten sucht, ist es wieder notwendig, die Frage genauer zu fassen bzw. das Problem, um das es geht, präzise zu benennen.

Der Anlagedeckungsgrad 1 und 2

Einerseits kann folgende Überlegung im Hintergrund stehen: Das Geld, das eine Unternehmerin aufgenommen hat, um Anlagevermögen zu kaufen, sollte so lange zur Verfügung stehen, wie sie dieses Anlagevermögen nutzen will. Gefragt wird nach der sogenannten Fristenkongruenz: Sind die Bindungsdauer auf der Aktivseite und die Fälligkeitsdauer auf der Passivseite der Bilanz aufeinander abgestimmt? Wie gut das langfristig zur Verfügung stehende Kapital das Anlagevermögen abdeckt, beschreiben die Anlagedeckungsgrade:

— Der Anlagedeckungsgrad 2 zeigt, wie weit das Eigenkapital und das langfristige Fremdkapital zusammen das Anlagevermögen abdecken. Er sollte über 100 % liegen.

— Will eine Unternehmerin möglichst unabhängig von fremden Geldgebern wirtschaften können, berechnet sie den Anlagedeckungsgrad 1, der das Anlagevermögen in Beziehung zum Eigenkapital setzt.

Formeln für die Anlagedeckungsgrade

Anlagedeckungsgrad 1	$\dfrac{\text{Eigenkapital}}{\text{Anlagevermögen}} \times 100$
Anlagedeckungsgrad 2	$\dfrac{\text{Langfristiges Fremdkapital} + \text{Eigenkapital}}{\text{Anlagevermögen}} \times 100$

Der Eigen- und der Fremdfinanzierungsgrad

Die Frage nach der Bilanzsolidität lässt sich aber auch anders stellen: Ist das Verhältnis zwischen Eigen- und Fremdkapital in der Unternehmung ausgewogen? Das Verhältnis wird durch die Kenn-

Formeln für den Eigen- und den Fremdfinanzierungsgrad

Anlagedeckungsgrad 1	$\dfrac{\text{Eigenkapital}}{\text{Anlagevermögen}} \times 100$
Anlagedeckungsgrad 2	$\dfrac{\text{Langfristiges Fremdkapital + Eigenkapital}}{\text{Anlagevermögen}} \times 100$

Da das Eigenkapital und das Fremdkapital zusammen die Bilanzsumme ergeben, ergänzen sich die beiden Kennzahlen auf 100%. Beträgt der Eigenfinanzierungsgrad beispielsweise 30%, liegt der Fremdfinanzierungsgrad immer bei 70%.

zahlen Eigenfinanzierungsgrad und Fremdfinanzierungsgrad beschrieben.

Wie viel Fremdkapital ist richtig? Wer nach Eigen- und Fremdfinanzierungsgrad fragt, geht davon aus, dass es ein richtiges Verhältnis zwischen Fremd- und Eigenkapital gibt, dass es also beide Kapitalarten braucht. Allerdings gibt es durchaus Unternehmer, die dies verneinen. Für sie ist Fremdkapital nur ein Notbehelf und soll möglichst rasch durch frisch erarbeitetes Eigenkapital ersetzt werden. Beide Auffassungen sind denkbar und können unternehmerisch richtig sein.

Es geht also darum, dass Sie für sich persönlich die Frage beantworten, ob Sie überhaupt Fremdkapital aufnehmen wollen oder nicht. Die folgenden Ausführungen sollen Ihnen zeigen, mit welchen Argumenten sich ein Eigenfinanzierungsgrad von weniger als 100% rechtfertigen lässt.

— **Eigenkapital ist knapp:** In kleinen Firmen stammt das Eigenkapital meist direkt aus dem Privatvermögen des Unternehmers. Diese Aktiven kann er nicht oder nur noch beschränkt privat nutzen, im Klartext: Er verzichtet – vor allem in der Anfangsphase – auf Ferien, aufs Zweitauto für die Familie. Wenn die

Firma auch anders finanziert werden kann und immer noch gesund ist – wieso nicht?

— **Eigenkapital ist teurer als Fremdkapital:** Vor allem wenn mehrere Gesellschafter beteiligt sind, wollen diese irgendwann ihr finanzielles Engagement belohnt sehen. Fremdkapital ist da kontrollierbarer: Der Kapitalgeber will die vereinbarten Zinsen und die fälligen Tilgungszahlungen – mehr nicht. Eigenkapitalgeber dagegen wollen mitreden, verlangen einen Gewinnanteil, auch wenn dadurch die Verzinsung ihres Kapitals deutlich höher ist als der Marktzins – und sie können ihre Ansprüche wirtschaftlich und häufig auch rechtlich durchsetzen. Aber auch wenn Sie Ihr Unternehmen als Alleineigentümer führen, ist Ihr Eigenkapital teuer (siehe Seite 76).

— **Eigenkapital ist riskant:** Das Eigenkapital trägt primär das unternehmerische Risiko. Aus diesem Grund sind die Renditeerwartungen der Eigenkapitalgeber typischerweise höher als die Zinsforderungen der Fremdkapitalgeber. Auch wenn eine Unternehmerin ihren Betrieb vollständig mit Eigenkapital ausstatten könnte – kann sie das gegenüber ihrer Familie vertreten? Ist es richtig, einen Grossteil des Privatvermögens einem permanenten Risiko auszusetzen, wenn dies mit der Rechtsform der AG oder GmbH gar nicht notwendig wäre?

Ein Eigenfinanzierungsgrad unter 100% macht also betriebswirtschaftlich durchaus Sinn. In stabilen Märkten ohne grössere Preis-, Kosten- oder Absatzrisiken kann er sogar beträchtlich tiefer liegen – etwa in der Gegend von 50%. Bei der Neugründung eines Unternehmens oder in neuen Märkten mit grossem Risiko hingegen führt an einem Eigenfinanzierungsgrad von nahezu 100% nichts vorbei. Können Sie als Firmengründer, als Jungunternehmerin das Geld nicht selber aufbringen, werden Sie sich auf die Suche nach Teilhabern machen müssen, die bereit sind, ihr Geld ohne weitere Sicherheiten als die Möglichkeit der Mitbestimmung – eben als Eigenkapital – zu riskieren.

«Schlechte» Kennzahlen, was nun?

Wie bereits mehrmals erwähnt, sollten Kennzahlen nur berechnet werden, wenn eine klare Vorstellung darüber besteht, womit der erhaltene Wert verglichen werden soll.

Entweder ist das eine von Ihnen ausdrücklich formulierte Zielvorstellung: «Ich will einen Liquiditätsgrad 1 von maximal 50%.» Oder Sie messen die Kennzahlenwerte Ihres Betriebs mit dem Branchendurchschnitt bzw. einer anderen extern berechneten Kennzahl: «Ich will, dass mein Verschuldungsgrad +/–10% dem Branchendurchschnitt entspricht.» Was, wenn Ihre Zielvorstellung nicht erreicht wird?

Kennzahlen sind Warnsignale

Betrachten Sie Kennzahlen wie Signalleuchten auf dem Armaturenbrett Ihres Autos: Wenn die Lampe für den Öldruck im Motor leuchtet, werden Sie nicht einfach Öl nachfüllen, sondern den Sachverhalt zuerst abklären. Liegt tatsächlich ein Problem beim Öldruck vor oder handelt es sich um einen Defekt in der Elektronik? Falls beim Öldruck etwas nicht stimmt, wo liegt die Ursache?

Genauso gehen Sie mit Kennzahlenwerten um: Eine Abweichung signalisiert, dass etwas nicht wie geplant läuft. Zu hohe Liquiditätskennzahlen können darauf hindeuten, dass Ihre Liquidität tatsächlich zu hoch ist. Es könnte aber auch sein, dass Sie die Kennzahlen ungeschickt berechnet haben – etwa indem Sie besonders ungünstige Stichtage wählten. Möglicherweise sind auch Ihre Zielvorstellungen nicht zweckmässig – vielleicht ist der Branchendurchschnitt für einen einzelnen Betrieb gar nicht so aussagekräftig, weil Ihre Branche aus sehr unterschiedlichen Unternehmenstypen besteht. Und falls die Liquidität tatsächlich zu hoch ist – wo liegt die Ursache? Planen Sie falsch oder greifen Ihre Massnahmen nicht? Die Abweichungen der effektiven Kennzahlenwerte von den Zielwerten helfen Ihnen zu erkennen, wo Sie Analysearbeit leisten müssen – die Analyse ersetzen sie nicht.

Die Kennzahlen sind Assistenten, die Ihnen mitteilen, dass ein Entscheid notwendig ist – der Entscheid selber und die Verantwortung dafür bleiben bei Ihnen. Deshalb ist es so wichtig, dass Sie genau verstehen, was eine Kennzahl aussagt und wie sie im Detail berechnet wurde. Es könnte ja sein, dass das Problem in der Kennzahl selber und gar nicht im Unternehmen zu suchen ist. Was passieren kann, wenn man eine Kennzahl nicht versteht, aber anwendet, zeigt folgendes Beispiel:

Karl K., Inhaber eines Tierheims, wird von seinem Treuhänder auf die sich ständig verschlechternde Liquidität angesprochen. Herr K. rechnet selber nach und stellt fest, dass sich zwar der Liquiditätsgrad 1 verschlechtert hat, die Liquiditätsgrade 2 und 3 sich aber nicht gross verändert haben. Er nimmt das Problem deshalb auf die leichte Schulter und übersieht, dass die Liquiditätsgrade 2 und 3 vor allem deshalb gleich bleiben, weil die Debitoren ansteigen und er diese durch kurzfristige Bankkredite finanziert. Da die Debitoren im Liquiditätsgrad 2 und 3 eben als «Liquidität» gezählt werden, hat Karl K. die Illusion, es sei alles nur halb so wild. So kommt es zu einer harten Landung in der Realität, als die Bank ihm nach einer internen Überprüfung die Kreditlimite kürzt.

Die Finanzsituation beeinflussen

Langfristig überleben Betriebe mit intakter Ertragskraft. Diese zu steigern ist also ein wichtiges Ziel für Unternehmer. Vor allem in Wachstumsphasen sollten Sie auch der Liquidität erhöhte Aufmerksamkeit schenken. Es geht darum, rechtzeitig das nötige Kapital zu günstigen Konditionen zu beschaffen. Und schliesslich brauchen Sie ein Instrument, mit dem Sie die finanziellen Folgen eines Projekts zuverlässig abschätzen können.

Im Zentrum: die Verbesserung der Ertragskraft

Zweck aller bisher angestellten Überlegungen ist es, dass Sie die Finanzsituation Ihrer Firma kennen und, auf diesem Wissen aufbauend, auch verbessern können.

Gesund sind die Finanzen einer Unternehmung, wenn folgende Punkte erfüllt sind:

— Es besteht kaum die Gefahr, dass finanzielle Verpflichtungen
  – Lieferantenrechnungen und Kreditzinsen, Löhne, Tilgungen –
  nicht termingerecht erfüllt werden können.
  → Das Unternehmen ist **liquide**.

— Es ist nicht zu befürchten, dass der Betrieb in die Verlustzone abrutscht.
  → Die **Ertragskraft** ist intakt.

— Das Unternehmen verfügt über einen guten Ruf bei den Kreditgebern und könnte, wenn sich Investitionschancen bieten, relativ rasch an zusätzliches Kapital kommen.
  → Die **Kreditwürdigkeit** ist intakt.

Kurzfristig spielt die Liquidität eine entscheidende Rolle: Firmen, die Löhne oder Lieferanten nicht termingerecht bezahlen können, geraten blitzschnell in eine Zwangssituation.

Langfristig jedoch ist die Ertragskraft die entscheidende Grösse: Betriebe, die zuverlässig und über lange Frist mit Gewinn arbeiten, erhalten leichter Kredit bei Lieferanten oder Banken und können Liquiditätsengpässe einfacher überbrücken. Eine intakte Ertragskraft stärkt auch das Vertrauen der Kapitalgeber in die Fähigkeit des Unternehmens, Zinsen und Tilgungen künftig zuverlässig bezahlen zu können. Damit steigt die Bereitschaft, dem Inhaber auch weiterhin langfristig Kapital zur Verfügung zu stellen.

Wovon hängt die Ertragskraft ab?

Die Ertragskraft ist von strategischen und operativen Einflüssen abhängig. Strategisch bedeutsam sind zum Beispiel folgende Fragen:

— Bin ich in der richtigen Branche? Sind die Fähigkeiten der Unternehmung und insbesondere von Mitarbeitern und Management optimal auf die Bedürfnisse der Kunden abgestimmt?

— Habe ich gegenüber der Konkurrenz Wettbewerbsvorteile und kann ich diese Vorteile auch wirtschaftlich ausnützen?

— Bin ich bzw. ist mein Unternehmen flexibel genug, um sich schnell auf veränderte Marktbedingungen einzustellen?

Sind die Branche und die grundsätzliche Struktur des Unternehmens einmal festgelegt, lässt sich die Ertragskraft im Wesentlichen über zwei Faktoren beeinflussen:

— **Über den Umsatz:** Dieser ergibt sich aus der verkauften Menge multipliziert mit dem verrechneten Preis – wobei die verkaufte Menge häufig stark vom geforderten Preis abhängt. Damit ist es entscheidend wichtig, dass die Kalkulation der Preise auf einer soliden Basis steht.

— **Über die Kosten:** Dabei gilt das Augenmerk einerseits den Stückkosten. Mindestens ebenso wichtig ist es aber, die versteckten Kosten im Unternehmen zu identifizieren und zu eliminieren.

Preise richtig kalkulieren

Auch wenn Sie nicht frei sind in der Preisgestaltung, wenn ein Marktpreis besteht oder die Kunden Ihnen den Preis praktisch diktieren können – Sie müssen sich trotzdem bei jedem einzelnen Auftrag Rechenschaft darüber geben können, ob Sie damit verdienen oder verlieren.

Das Grundschema der Kalkulation ist einfach: Der Preis pro Stück muss die variablen, direkt durch die Herstellung des einzelnen Produkts verursachten Kosten sowie die fixen, indirekt durch das Produkt zu finanzierenden Kosten decken und eine Gewinnmarge ergeben. Anders ausgedrückt: Liegt der Stückpreis unter den variablen Stückkosten, machen Sie ein sicheres Verlustgeschäft. Liegt der Stückpreis über den variablen Kosten, reicht aber nicht aus, um auch die ganzen fixen Kosten zu decken, werden Sie zwar Deckungsbeitrag, aber keinen Gewinn erwirtschaften. Solche Preise sollten Sie nur kurzfristig akzeptieren, nämlich dann, wenn Sie dadurch einen wichtigen Kunden halten und in Zukunft – mit besseren Preisen oder höheren Stückzahlen – wieder Gewinne machen können. Oder wenn Sie Überkapazitäten haben, die Sie mit dem Auftrag auslasten können (siehe Seite 84). Gerade kleinere und mittlere Betriebe neigen jedoch dazu, Preise systematisch schon dann zu akzeptieren, wenn erst ein Deckungsbeitrag, aber noch kein Gewinn resultiert.

Auf die Dauer überlebt kein Unternehmen bloss mit dem Deckungsgrad. Ist es daher mit einem Produkt über längere Zeit nicht möglich, in die Gewinnzone zu kommen, sollten Sie darüber nachdenken, ob Sie dieses Produkt noch anbieten wollen.

Kostenrechnung als Grundlage Damit Sie überhaupt Stückkosten berechnen können, brauchen Sie die entsprechenden Zahlengrundlagen. Führen Sie eine Kostenrechnung (siehe Seite 74), erhalten Sie daraus die nötigen Erfahrungszahlen: Sie sehen in der Kostenträgerrechnung, wie viel Kosten pro Produkt und Abrechnungsperiode entstehen. Teilen Sie diese Kosten durch die in der gleichen Periode gefertigten Stückzahlen, haben Sie die Stückkosten. Allerdings ist zu beachten, dass sich die Stückkosten in Abhängigkeit von den Stückzahlen stark verändern können (siehe Seite 148).

Stückkosten abschätzen Führen Sie keine Kostenrechnung, bleibt Ihnen nichts anderes übrig als – gestützt auf die Aufwände der Finanzbuchhaltung – eine Ad-hoc-Schätzung vorzunehmen. Sie

müssen versuchen, die Aufwände den verschiedenen Produkten zuzu-
weisen, und diese Kosten anschliessend durch die gefertigten Stückzahlen teilen.

Gérard S., ehemaliger Kadermitarbeiter eines Grossunter-
nehmens, hat sein Hobby zum Beruf gemacht und importiert
spezielle Weine. Mit seinem Privatfahrzeug fährt er direkt zum Pro-
duzenten und holt die Weine in die Schweiz. Zuerst kauft Herr S. nur
auf Bestellung ein, braucht also keinen Handelsvorrat. Die Stückkosten einer Flasche Wein kalkuliert er folgendermassen:

— Direkte Kosten = Preis des Lieferanten – Rabatte + Zollkosten

— Indirekte Kosten = $\dfrac{\text{Summe aus Fahrzeugkosten + Spesen}}{\text{Anzahl Flaschen}}$

Die Fahrzeugkosten ermittelt Gérard S., indem er die jährlichen
Aufwendungen für sein Auto inklusive Abschreibung auf Fahrzeug
und Reifen durch die Jahreskilometer teilt und den so errechneten
Betrag pro Kilometer mit der Kilometerzahl seiner «Weinfahrten»
multipliziert.

Bei dieser Kalkulation vernachlässigt der Weinimporteur seinen Lohn
– sowie weitere Kostenelemente, beispielsweise die Ausgaben für
die Motorfahrzeugkontrolle –, was er durch eine entsprechend hohe
Marge auf den Stückkosten kompensiert. Zudem verteilt er die indirekten Kosten gleichmässig auf alle Weine, auch wenn er für seinen
besten Tropfen einen Lieferanten anfährt, der deutlich weiter weg
liegt als die anderen. Da aber die direkten Kosten den grössten Kos-
tenblock darstellen, kann Herr S. seinen Erfolg trotz dieser Unsicher-
heiten recht gut steuern.

Wenn jedoch das Geschäftsvolumen zunimmt und der Importeur
beispielsweise eine Website unterhält, für Sofortlieferungen einen
Handvorrat in der Schweiz anlegt, Weinseminare anbietet, in Gour-
met-Zeitschriften inseriert, zusätzlich noch Käse und andere Produkte ins Sortiment aufnimmt – dann wird sein Kalkulationsschema
immer umfangreicher. Er muss jetzt weitere indirekte Kosten be-

rücksichtigen: fürs Lager, für Werbung, Administration etc. Gleichzeitig erfordert auch die Zuteilung der indirekten Kosten zu den Produkten mehr Überlegungen. Sollen beispielsweise die Kosten für die Weinseminare auch dem Produkt Käse zugerechnet werden oder nicht?

> Wie Sie Ihre Kosten im Detail berechnen, ist gar nicht so bedeutungsvoll. Wichtig ist vielmehr, dass Sie sich mindestens zweimal im Jahr konkret mit der Frage auseinandersetzen, was Ihre Produkte wirklich kosten – also eine Kalkulation durchführen. Einerseits können sich bei den Einkaufspreisen wesentliche Änderungen ergeben haben, andererseits kann sich auch Ihre Kostenstruktur verändern – vielleicht haben Sie mittlerweile mehr oder weniger fixe Kosten.

Stückkosten reduzieren

Die Stückkosten setzen sich häufig aus zwei Bestandteilen zusammen (siehe auch Seite 83):

— **Variable Stückkosten** entstehen in gleicher oder ähnlicher Höhe mit jedem gefertigten Stück. Verdoppelt sich die Stückzahl, verdoppeln sich auch die variablen Kosten insgesamt – die variablen Kosten pro Stück bleiben gleich hoch.

— **Fixe Stückkosten** sind – innerhalb gewisser Mengengrenzen – unabhängig von den gefertigten Mengen. Verdoppelt sich also die gefertigte Stückzahl, bleiben die fixen Kosten annähernd gleich – die fixen Stückkosten halbieren sich.

Es ist zentral wichtig, dass Sie ein Gefühl für den Zusammenhang zwischen Menge und Stückkosten entwickeln. Je präziser Sie die Stückkosten abschätzen können, desto besser ist es Ihnen möglich, bei Preisverhandlungen Ihren Spielraum abzuschätzen und zu entscheiden, wann Sie zum Beispiel Mengenrabatte anbieten können. Da in den fertigenden Branchen heute ein beträchtlicher Anteil der

Kosten fix ist, spielt der Zusammenhang zwischen Menge und Stückkosten eine grosse Rolle.

In einem Fertigungsbetrieb sind 50 % der Kosten fix. Eine Verdoppelung der Menge bedeutet in diesem Betrieb also eine Reduktion der Stückkosten um einen Viertel (die Hälfte von 50 %). Wären in dem Betrieb hingegen nur 10 % der Kosten fix, brächte die Verdoppelung der Menge lediglich eine Reduktion der Stückkosten um 5 %.

Sparpotenziale finden Selbstverständlich lassen sich die Stückkosten auch reduzieren, indem die Kosten insgesamt gesenkt werden, ohne dass mehr gefertigt wird. Die Kunst besteht darin, solche Einsparungspotenziale zu finden. Eine nahe liegende Möglichkeit wäre es, den Kostendruck einfach an die Lieferanten, den Vermieter und das Personal weiterzugeben. Hier stösst man aber in der Regel schnell an harte Grenzen.

Mehr Erfolg verspricht es, versteckte Kosten zu suchen und zu eliminieren. Solche Kosten liessen sich mit wenig Aufwand abbauen – wenn man nur wüsste, wo sie zu finden sind. Natürlich können sich in nahezu jeder Position überflüssige Bestandteile verstecken. Es gibt aber ein paar typische Schlupfwinkel.

Versteckte Kosten im Umlaufvermögen

Überspitzt gesagt, hält man die wichtigsten Posten des Umlaufvermögens vor allem aus Angst: die liquiden Mittel aus Angst, im entscheidenden Moment nicht zahlungsfähig zu sein; die Debitoren aus Angst, Kunden zu verlieren, wenn man nur Barzahlung akzeptiert oder zu streng mahnt; die Vorräte aus Angst, es könnten plötzlich wichtige Materialien fehlen und die termingerechte Lieferung gefährdet sein. Angst ist aber kein guter Ratgeber. Sehr theoretisch könnte man sogar behaupten, es brauche überhaupt kein Umlaufvermögen: Wenn Einzahlungen und Auszahlungen perfekt aufeinander abgestimmt sind, braucht man keine liquiden Mittel. Wer nur Bargeschäfte tätigt, hat keine Debitoren. Und wenn die Arbeit genau geplant wird und die Lieferanten zuverlässig auf Termin liefern, sind keine Vorräte nötig.

Umlaufvermögen steckt also im Wesentlichen deshalb in einer Bilanz, weil sich die Zukunft nicht sicher voraussagen lässt. Doch dieses Umlaufvermögen kostet:

— **Zinsen:** Umlaufvermögen ist totes Kapital. Würde es verflüssigt, könnte der Unternehmer mit dem Geld arbeiten und es investieren. Die Kosten der liquiden Mittel sind also die entgangenen Zinsen. Oder anders betrachtet: Das Umlaufvermögen ist häufig mindestens teilweise durch Fremdkapital finanziert. Die Kosten von Krediten und Darlehen sind die vereinbarten Zinsen; bei den Kreditoren bestehen die Kosten im entgangenen Skonto.

— **Ausfallkosten:** Sobald eine Unternehmerin Eigentum erwirbt, trägt sie auch das Schadensrisiko. Barmittel können gestohlen werden. Debitoren können zahlungsunfähig oder -unwillig werden. Vorräte können an Wert verlieren, weil der Marktpreis zusammenfällt oder weil sie verderben, gestohlen werden oder veralten.

Ganz grob geschätzt, kostet Sie das Umlaufvermögen zwischen 5 % und 10 % Zinsen, abhängig von der aktuellen Zinssituation und Ihrer individuellen Risikosituation. Oft lässt sich der Bestand mit geringem Planungs- und Administrationsaufwand deutlich verringern, ohne dass deswegen gleich erhebliche neue Risiken für die Zahlungs- und Lieferbereitschaft entstehen.

Luca M., Inhaber eines Bastelladens, bestellt bei seinem Strickwolle-Lieferanten, wenn ein bestimmter Artikel ausgeht, jeweils eine fixe, grössere Menge. Seine Vorteile dabei: Er ist in einem breiten Sortiment immer lieferbereit – was die Kundinnen sehr schätzen – und kann erst noch von Rabatten profitieren bzw. Kleinmengenzuschläge vermeiden. Was Herr M. jedoch vergisst: Da von der Lieferung bis zur nächsten Bestellung im Schnitt bis zu vier Jahre vergehen, ist im Lager viel Geld gebunden, das Zinsen kostet oder anderswo fehlt. Dieses Geld liesse sich vermutlich leicht einsparen, wenn er die Wolle nach seinem tatsächlichen Jahres- oder Semesterbedarf bestellen und Kundinnen mit Spezialwünschen im Beratungsgespräch darauf hinweisen würde, dass je nach Material eine gewisse Lieferfrist besteht.

Versteckte Kosten im Anlagevermögen

Einer der ersten Ansatzpunkte bei einer professionellen Unternehmensbewertung ist die genaue Untersuchung des Anlagevermögens. Es geht darum, herauszufinden, was wirklich betriebsnotwendig ist und was ohne grösseren Schaden veräussert werden könnte.

Im Anlagevermögen sammeln sich oft Bestandteile an, die aus aktueller Optik nicht mehr wirklich gebraucht werden: Hand- und Büromaschinen, aber auch – falls sie nicht gemietet sind – Produktionsflächen. Das Anlagevermögen verleiht eine gewisse Flexibilität: Ein Betrieb, der zu viel Fläche hat, kann zum Beispiel problemlos wachsen. Aber auch das Anlagevermögen kostet. Es ist zwar nicht im strengen Sinn totes Kapital, da es meist tatsächlich verwendet wird. In dem Ausmass, in dem es unterausgelastet ist, ist es aber unproduktiv. Zudem ist auch Anlagevermögen häufig teilweise fremdfinanziert und führt zu handfesten Zinsausgaben.

Abschreibungen nicht vergessen Schliesslich kommt noch der wichtigste Posten dazu: Anlagevermögen unterliegt in der Regel einer starken Altersentwertung, was entsprechende Abschreibungen nötig macht. Behalten Sie Anlagevermögen, das Sie nicht oder nicht voll auslasten, tragen Sie trotzdem die vollen Abschreibungskosten. Was das heisst, zeigt das folgende Beispiel deutlich.

Störmaurer Patrick O. erwirbt aus einem Gegengeschäft einen zweiten Lieferwagen. Da er dafür nur einen Viertel des Listenpreises bar zahlt, schreibt er ihn sofort voll ab. Er überlegt:

«Zwar brauche ich nicht unbedingt zwei Lieferwagen. Da der Wagen aber bereits voll abgeschrieben ist und ich doch ab und zu froh bin über die zusätzliche Transportkapazität, behalte ich ihn – er kostet mich ja nichts.»

Beim Erwerb hat der Lieferwagen einen Marktwert von Fr. 15 000.–. Dieser Wert reduziert sich in den folgenden Jahren zuerst um Fr. 7000.–, dann um Fr. 5000.– und anschliessend um jährlich weitere Fr. 1000.–.

Würde Patrick O. den Lieferwagen sofort verkaufen, hätte er die Fr. 15 000.– zur Verfügung und könnte damit Schulden tilgen oder sinnvolle Investitionen tätigen. Wartet er ein Jahr, verliert er Fr. 7000.–, wartet er ein weiteres Jahr nochmals Fr. 5000.– … Verglichen damit sind die vielleicht Fr. 1000.–, die er jährlich für einen Mietlieferwagen zahlen müsste, ein Pappenstiel – sogar wenn man berücksichtigt, dass der Verkaufserlös voll als ausserordentlicher Ertrag zu Buch schlägt und versteuert werden muss.

Eine schonungslose Analyse deckt oft erstaunlich hohe Beträge auf, die in gesunden Unternehmen überflüssigerweise im Anlagevermögen stecken. Wichtig sind bei der Analyse zwei Punkte:

— Suchen Sie nicht nach Argumenten, weshalb Sie etwas brauchen – suchen Sie nach Argumenten, weshalb Sie sich von etwas trennen sollten.

— Gehen Sie nicht von den Buchwerten aus, sondern von möglichen Verkaufswerten. Besonders wichtig ist das, wenn Sie in der Vergangenheit stille Reserven gebildet haben.

Versteckte Kosten im Fremdkapital

Viele Kleinfirmen verzichten auf ein eigentliches Bewirtschaften der Schulden. Das kann und wird dazu führen, dass sie ihre Einsparungsmöglichkeiten nicht ausschöpfen. Die teuersten Kredite sind in der Regel die folgenden:

- **Kreditoren:** Scheinbar zinsfrei, sind Lieferantenkredite recht teuer: Ein Skonto von 5% auf eine Frist von zehn Tagen entspricht einem Jahreszins von 180%! Wer kann, tut also gut daran, Skonti konsequent zu realisieren.

- **Überziehungslimiten:** Die Kosten eines Kredits hängen stark davon ab, wie viel Freiheit dem Kreditnehmer zugestanden wird. Bei der Überziehungslimite haben Sie alle Fäden in der Hand: Sie bestimmen (im Rahmen der Limite), wie hoch Ihr Kredit ist und wann er zurückgezahlt wird. Die Quittung für eine hohe Limite ist der vergleichsweise hohe Zins.

- **Blankokredite:** Bei Blankokrediten ist die Freiheit bereits eingeschränkt. Der Kreditvertrag enthält in der Regel Bestimmungen zur Amortisation. Trotzdem sind auch Blankokredite noch relativ teuer. Dabei sollten Sie nicht nur den Zinssatz rechnen, sondern auch alle Gebühren (Kommissionen, Kontoführungsgebühren, Spesen für Kontoauszüge etc.) als Finanzierungskosten mit berücksichtigen.

Je nach aktueller Zinssituation können Sie die Kosten des Fremdkapitals erheblich senken, indem Sie statt kurzfristiger Überziehungslimiten langfristigere Kreditformen wählen und indem Sie dem Kreditgeber Sicherheiten anbieten. Wirtschaftlich sinnvoll ist dies aber nur, wenn Sie sich dabei auf eine Finanzplanung stützen können, die Sie regelmässig nachführen und überarbeiten (siehe Seite 95). Längerfristige Kredite beispielsweise lassen sich in der Regel nicht problemlos vorzeitig amortisieren – auch wenn es sich zeigen sollte, dass Sie gar nicht den ganzen Betrag über die ganze Laufzeit brauchen. Ausserdem verschlechtern Sie Ihre Verhandlungsposition, wenn Sie Sicherheiten angeboten haben und dann in wirtschaftliche Schwierigkeiten geraten.

Wachsen Unternehmen, brauchen sie typischerweise auch mehr Umlaufvermögen. Das heisst, es sind mehr Debitoren ausstehend, die Vorräte werden grösser etc. Dadurch wird Kapital gebunden; das Geld, das in den Debitoren und den Vorräten steckt, steht beispielsweise nicht für Lohnzahlungen zur Verfügung. Erste Massnahme muss sein, das Wachstum des Umlaufvermögens so weit wie möglich zu bremsen – durch ein strafferes Mahnwesen und bessere Lagerplanung. Wenn diese Massnahmen aber nicht mehr greifen, müssen Sie als Unternehmer, als Firmeninhaberin sich Gedanken machen, ob Sie das Kapital über die Überziehungslimite beschaffen wollen oder ob sich eventuell ein – günstigerer – bestehender Betriebskredit im Umfang des erwarteten Debitoren- und Vorratswachstums aufstocken lässt.

Verbesserung der Liquidität

Wie bereits erwähnt, bedeutet Liquidität nicht primär, den Kassenbestand und die Schulden ins Gleichgewicht zu bringen. Entscheidend ist, dass die Zahlungsströme, die durch die Geschäftstätigkeit ausgelöst werden, aufeinander abgestimmt sind.

Einerseits geht es dabei um den Cashflow aus Geschäftstätigkeit, also um die Abstimmung der laufenden Ein- und Ausgaben (siehe auch Seite 88). Andererseits geht es darum, langfristige Vorhaben so zu finanzieren, dass die aus der Investition entstehenden Zins- und Tilgungsverpflichtungen mit den erwarteten Erträgen in Übereinstimmung stehen.

Den Cashflow verbessern

Alle Massnahmen, welche die Ertragskraft verbessern – die Anhebung der Preise und/oder die Ausdehnung des Absatzes bei gleichzeitiger Reduktion der Kosten –, verbessern auch den Cashflow, da sie direkt oder indirekt die Einzahlungen vergrössern und die Auszahlungen verkleinern. Zusätzlich reagiert der Cashflow aber auch auf die Bewirtschaftung der Vorräte, der Debitoren und der Kreditoren – wie das folgende Beispiel zeigt.

Rena T., Inhaberin einer Firma für Computerzubehör, verdoppelt den Umsatz. Da die Kosten im selben Verhältnis ansteigen, verdoppelt sich auch der Gewinn. Bei gleichem Zahlungsverhalten der Kunden verdoppeln sich allerdings auch die Debitoren. Will Frau T. die gleiche Lieferbereitschaft aufrechterhalten, werden sich auch die Vorräte vergrössern. Ein Teil der Umsatzzunahme führt also nicht zu mehr Einzahlungen, sondern bleibt in den Debitoren gebunden. Zudem entstehen überproportional höhere Ausgaben für Waren und Rohstoffe, da der Betrieb nicht nur mehr einkaufen muss, um direkt die Kunden zu beliefern – auch die Vorratszunahme muss finanziert werden. Beides zusammen bedeutet, dass der Cashflow weniger stark ansteigt als der Gewinn. Schöpft die Inhaberin allerdings die Lieferantenkonditionen weiterhin voll aus und kauft einen Teil des zusätzlichen Waren- und Rohstoffbedarfs auf Kredit, wird dieser Effekt etwas gedämpft.

Einfach ausgedrückt heisst das, dass Sie den Cashflow auch mit folgenden Massnahmen erhöhen können:

— Debitoren reduzieren – beispielsweise indem Sie die Kunden konsequenter mahnen.

— Vorräte reduzieren – indem Sie den Bedarf genauer abschätzen und unter Berücksichtigung der Lieferzeiten möglichst tagfertig anliefern lassen.

— Durchschnittliche Zahlungsfristen bei den Kreditoren verlängern – indem Sie für jeden Einzelfall abwägen, ob Sie besser innerhalb der Skontofrist oder erst auf den letzten Tag der Fälligkeit zahlen.

Besonders wichtig ist dies in Phasen, in denen der Umsatz stark wächst. Aus nahe liegenden Gründen fehlt jedoch gerade in solchen Phasen häufig die Zeit, sich um administrative Angelegenheiten zu kümmern. Dann aber wachsen die Debitoren und oft auch die Vorräte unkontrolliert an und binden flüssige Mittel, die an anderer Stelle fehlen.

Wachstum richtig finanzieren

Ein älteres Ehepaar führt eine kleine Gärtnerei mit Blumen-
laden. Die Tochter tritt nach der Lehre und ein paar Jahren Praxis bei einer anderen Gärtnerei in den elterlichen Betrieb ein.
Auf ihre Anregung hin wird der Laden umgestaltet, in einem nahe
gelegenen Einkaufszentrum wird Werbefläche gemietet und abends
bietet sie Kurse im Blumenstecken an. Da gleichzeitig in der Nähe
ein neues Quartier entsteht, entwickelt sich der Geschäftsgang gut.
Bald muss ein Kurslokal gemietet werden. Immer häufiger werden
Blumen gegen Rechnung ausgeliefert. Obwohl alles bestens läuft, gibt
es plötzlich Probleme mit der Bank, da die Kreditlimite regelmässig
überschritten wird. Was ist passiert?

Ist ein Betrieb erfolgreich und wächst, entstehen bei der Finanzierung mehrere Probleme: Das Umlaufvermögen wächst an, da ein
höherer Sicherheitsbestand an liquiden Mitteln nötig ist, mehr Debitoren ausstehen und meist auch die Vorräte zunehmen, um bei ge-
stiegenem Bedarf eine gleich bleibende Lieferbereitschaft zu garan-
tieren. Das bisherige Anlagevermögen stösst nach einer gewissen
Zeit an eine Kapazitätsgrenze – es muss ausgebaut werden. Beide
Mechanismen führen dazu, dass sich in der Bilanz die Aktivseite
«verlängert». Das bedeutet nichts anderes, als dass mehr Kapital zur
Verfügung stehen muss.

Gerade in Wachstumsphasen müssen die Debitoren genau über-
wacht werden. Oft bringt ein Wechsel bei den Zahlungsmodalitä-
ten bereits eine Verbesserung: Die Gärtnerei im Beispiel sollte möglichst nicht mehr gegen Rechnung liefern, sondern zum Beispiel
Zahlung mit Kreditkarte anbieten. Aber auch auf der Passivseite müssen die Inhaber reagieren und etwa mit der Bank über einen Betriebskredit verhandeln, der ihren finanziellen Spielraum erweitert.

Wichtig ist, dass Sie solche Entwicklungen frühzeitig abschätzen. Finanzieren Sie Wachstum einfach über die Überziehungslimite bei der Bank, ist dies gleichzeitig teuer und unsicher:

Checkliste:
Kurzfristige Finanzierungsmöglichkeiten

Aufnahme neuer Kredite

Habe ich noch eine Überziehungslimite auf dem Kontokorrent? ☐

Ist meine Bank bereit, mir kurzfristig auch eine höhere ☐
Limite einzuräumen?

Schöpfe ich die Zahlungskonditionen meiner Lieferanten aus? ☐

Reduktion der Kapitalbindung im Umlaufvermögen

Betreibe ich ein konsequentes Inkasso? ☐

Sind meine Kunden bereit, Anzahlungen zu leisten? ☐

Sind meine Vorräte allenfalls zu gross? ☐
Überwache ich den Vorratsbestand konsequent
und bestelle möglichst nur nach Auftrag?

Die Bank kann jederzeit die Limite kürzen, Sie aber sind nicht jederzeit in der Lage, das in Debitoren, Vorräten und Anlagevermögen gebundene Geld zu verflüssigen. Deshalb ist die «Fristenkongruenz» so bedeutsam: Für langfristige Vorhaben muss langfristiges Kapital zur Verfügung stehen (siehe auch Seite 136).

Neues Kapital auftreiben

Bevor Sie also nach der geeigneten Finanzierung fragen, müssen Sie abschätzen, wie gross Ihr langfristiger und Ihr kurzfristiger Kapitalbedarf ist. Müssen Sie zur Finanzierung Ihres Vorhabens neues Kapital aufnehmen, sind Sie zudem gut beraten, vorher eine saubere Finanzplanung auszuarbeiten, die nicht nur den Kapitalbedarf aufzeigt, sondern auch deutlich macht, wie und wann Sie das Geld wieder zurückzahlen können (zur Finanzplanung siehe Seite 95).

Am einfachsten erscheint es oft, langfristigen Kapitalbedarf über Betriebskredite oder Darlehen zu decken. Diese haben aber auch gewichtige Nachteile:

— Meist haben Sie während der Laufzeit kaum Möglichkeiten zur Tilgung. Das bedeutet, dass der Kredit auch noch besteht und die Zinsen bezahlt werden müssen, wenn das erwartete Wachstum gar nicht eintritt.

— Der Aufwand, den Sie betreiben müssen, um solche Kredite zu erhalten, kann beträchtlich sein. Zudem wird häufig eine Planungsqualität vorausgesetzt, die Kleinfirmen nur bedingt bieten können.

— Die unternehmerische Freiheit wird oft dadurch eingeschränkt, dass die Kreditgeber Auflagen machen, wie die zur Verfügung gestellten Mittel verwendet werden sollen. Sie als Unternehmer sind dann unter Umständen nicht in der Lage, problemlos auf neue Situationen zu reagieren.

Sicherheiten stellen Überlegen Sie sich, Fremdkapital aufzunehmen, sollten Sie auch prüfen, ob Sie Sicherheiten bieten können. Das erleichtert die Vertragsverhandlungen und ermöglicht günstigere Konditionen. Als Sicherheiten dienen beispielsweise Bürgschaften oder Pfänder, auf die die Bank zugreifen könnte, wenn Sie die versprochenen Zins- und Tilgungszahlungen nicht leisten.

Typische Pfänder sind etwa private oder geschäftliche Guthaben, Wertschriftendepots oder Schliessfachinhalte. Haben Sie Ihre Bankverbindungen schon alle bei der gleichen Bank, sind diese Guthaben und Depots allerdings häufig «automatisch» verpfändet – lesen Sie die Allgemeinen Geschäftsbedingungen aufmerksam durch, dort ist das aufgeführt – und können nicht wirksam als Verhandlungsgegenstand eingebracht werden. Liegen Ihre privaten Guthaben und sonstigen Wertsachen jedoch bei einer anderen Bank, ist es eine Überlegung wert, diese als Sicherheiten ins Spiel zu bringen und anzubieten, dass Sie auch mit Ihren privaten Konten zur kreditgebenden Bank wechseln.

Checkliste:
Langfristige Finanzierungsmöglichkeiten

Aufnahme von neuem Kapital

Kann ich einen allgemeinen Betriebskredit erhalten? ☐

Kann ich einen Kredit für ein bestimmtes Projekt erhalten ☐
(zum Beispiel einen Umbaukredit)?

Habe ich eventuell die Möglichkeit, mich privat zu verschulden ☐
und dieses Geld als Eigenkapital in die Firma zu stecken?

Gibt es unter den Angestellten eine Person, die ich als ☐
Teilhaber oder Teilhaberin aufnehmen könnte und die bereit
wäre, Eigenkapital ins Unternehmen zu stecken?

Freisetzen von gebundenem Vermögen

Besitze ich Infrastruktur, die ich ohne Schaden für den Betrieb ☐
verkaufen kann?

Kann ich Infrastruktur, die ich zurzeit im Eigentum habe, ☐
allenfalls verkaufen und stattdessen mieten oder leasen?

Weniger einfach sind Schuldbriefe auf Liegenschaften oder Bürgschaften beizubringen. Bei den Schuldbriefen muss es sich übrigens nicht zwingend um solche auf Ihren eigenen Liegenschaften handeln. Es ist durchaus möglich, auch Schuldbriefe auf Liegenschaften Dritter als Pfand anzubieten – natürlich im Einverständnis mit den Liegenschaftseigentümern.

Aufgepasst, wenn Ihr Geschäft als AG oder GmbH ausgestaltet ist! Bei beiden Rechtsformen ist das maximale Risiko für die Aktionäre bzw. Gesellschafter – abgesehen von sehr speziellen, zum Beispiel deliktischen Umständen – auf den Totalverlust des Aktien- oder Anteilswerts beschränkt (für mitarbeitende Aktionäre oder Gesellschafterinnen kommt dazu noch das Erwerbsausfallsrisiko). Stellen Sie aber private Sicherheiten, schlägt das unternehmerische Risiko plötzlich auf Vermögenswerte durch, die Sie eigentlich durch die Gründung der AG oder GmbH eben diesem Risiko entziehen wollten. Und stellt Ihnen beispielsweise ein Freund eine Bürgschaft oder verpfänden Sie einen Schuldbrief auf der Liegenschaft Ihrer Schwiegereltern, tragen diese das unternehmerische Risiko mit.

Unproblematisch, aber nicht immer einfach Wirtschaftlich am sinnvollsten und in der Wirkung am unproblematischsten sind daher tatsächlich die Beschaffung von Eigenkapital oder die Finanzierung des Wachstums über die Freisetzung von bisher gebundenem Vermögen (siehe Checkliste auf Seite 159). Leider sind aber gerade diesen Möglichkeiten in der Praxis enge Grenzen gesetzt:

— Wirklich eigenes Kapital ist knapp. Wird Eigenkapital von Dritten aufgebracht und «Ihrer» Firma zur Verfügung gestellt, wollen diese in der Regel auch auf die unternehmerischen Entscheide Einfluss nehmen, was häufig zu Konflikten führt.

— Viele für Unternehmen wichtige Infrastrukturen können in der Regel gar nicht gemietet werden (EDV, Installationen, Spezialmaschinen) oder aber die Konditionen sind – verglichen mit der Finanzierung über einen Kredit – sehr ungünstig.

Wie günstig ist die Finanzierung durch Leasing?

Auf den ersten Blick ist Leasing eine bestechende Finanzierungsmöglichkeit – etwa für die Fahrzeugflotte eines Unternehmens:

— Es wird von vornherein kein Kapital gebunden.

— Der Abschluss eines Leasingvertrags ist in der Regel wesentlich einfacher als der Abschluss eines Kreditvertrags mit anschliessendem Kauf der Fahrzeuge.

— Die Leasingverpflichtungen können mit dem Geld bezahlt werden, das mit den geleasten Fahrzeugen verdient wird.

Bei näherer Betrachtung zeigt sich allerdings oft, dass zu Beginn des Leasings Anzahlungen zu leisten sind. Die Kapitalbindung ist also nicht Null – sie ist bloss kleiner als beim Kauf. Ein Leasingvertrag enthält in der Regel auch Klauseln über die Nutzung des Fahrzeugs (maximale Kilometerleistung, Wartungsintervalle) und verpflichtet zu einer vor allem an den Interessen der Leasinggesellschaft orientierten Versicherung. Das Auto kommt also im Unterhalt teurer, als wenn man es im Eigentum hätte. Zudem bestehen bei Vertragsablauf gelegentlich Zusatzverpflichtungen oder das Auto fällt ohne weitere Entschädigung an die Leasinggesellschaft zurück.

Besitzen Sie dagegen das Fahrzeug, können Sie es nach Ablauf der Nutzungsperiode je nach Zustand noch verkaufen. Ein letzter Punkt ist die zeitliche Fixierung: Sollten Sie ein Fahrzeug ausserplanmässig nach kurzer Zeit doch nicht mehr benötigen, können Sie das eigene problemlos veräussern – ein Leasingvertrag dagegen lässt sich nur sehr schwer und in der Regel nur mit grossen finanziellen Zugeständnissen vorzeitig auflösen.

Die finanzielle Beurteilung von Projekten

Innenarchitekt Jonas H. braucht ein neues Geschäftsauto. Nach langer Evaluation hat er den richtigen Wagen gefunden. Die Garagistin schlägt ihm zwei Varianten vor: Er kann das Auto gegen bar kaufen oder er kann es leasen. Was ist für den Innenarchitekten wirtschaftlich betrachtet die bessere Variante?

So einfach die Frage klingt, so schwierig scheint es, die Antwort zu finden. Denn der Innenarchitekt muss eine einmalige Zahlung (beim

Kauf) mit einer Reihe von mehr oder weniger regelmässigen Zahlungen (beim Leasing) vergleichen. Einfacher wäre es, zwei Leasingvarianten zu vergleichen: Da könnte der Innenarchitekt die beiden Leasingraten (inklusive aller Nebenausgaben wie Versicherung, Anzahlung und Restwert) vergleichen und dann die billigere wählen. Ganz offensichtlich wäre es aber ein Fehler, einfach die Leasingraten zu addieren und die Summe mit dem Kaufpreis zu vergleichen: Der Witz beim Leasing ist ja, dass eben nicht die ganze Summe auf einmal bezahlt werden muss – und das ist ein klarer wirtschaftlicher Vorteil.

Das Problem des Innenarchitekten stellt sich in ähnlicher Form bei vielen Investitionen. Nicht immer geht es dabei um Leasing oder Kauf. Manchmal stehen zwei Ideen zur Auswahl: Die eine Idee verspricht einen raschen, aber insgesamt bescheidenen Gewinn. Die andere Idee ist längerfristig orientiert und bringt erst mit der Zeit Gewinn – dann aber mehr als die erste. Welche Idee ist wirtschaftlich gesehen besser? Auch hier besteht das Problem darin, dass zwei unterschiedliche Zahlungsflüsse verglichen werden müssen, die nicht ohne Weiteres vergleichbar sind.

Zum Glück gibt es eine Methode, die genau das leistet: Sie berechnet den Wert von unterschiedlichen Zahlungsflüsse und macht sie vergleichbar. Bevor Sie jetzt aber den Computer starten und zu rechnen beginnen, sollten Sie sich etwas Zeit nehmen, um die Investition als unternehmerische Tätigkeit genauer anzuschauen.

Investieren, eine unternehmerische Kernaufgabe

Kluge, vorausschauende Investitionen sind die Quelle der künftigen Gewinne. Investitionen beinhalten aber auch ein erhebliches unternehmerisches Risiko: Wird zu viel Geld zum falschen Zeitpunkt investiert, gerät ein Unternehmen schnell einmal in Zahlungsschwierigkeiten. Um nicht in diese Falle zu tappen, brauchen Sie vor allem drei Dinge:

- **Unternehmerische Neugier:** Unternehmerinnen und Unternehmer sind ständig auf der Suche nach neuen Chancen und nach noch nicht befriedigten Bedürfnissen ihrer Kunden. Sie versetzen sich in die Lage ihrer Kunden und versuchen herauszufinden, ob sich diese selbst oder deren Bedürfnisse in Zukunft ändern könnten.
- **Unternehmerische Kreativität:** Unternehmen bieten Lösungen für die Probleme und Bedürfnisse ihrer Kunden an. Kreative Köpfe suchen ständig nach neuen Ideen, um bestehende Lösungen zu verbessern oder sogar ganz neuartige zu finden.
- **Unternehmerische Urteilskraft:** Längst nicht jede Idee lässt sich auch wirtschaftlich umsetzen – entscheidend ist nicht nur, ob die Kunden eine Lösung schätzen würden, sondern, ob sie auch bereit sind, genügend dafür zu bezahlen.

Insbesondere beim dritten Punkt spielt die Erfahrung des Unternehmers eine grosse Rolle – aber nicht nur! Ob eine Idee wirtschaftlich sinnvoll ist oder nicht, lässt sich berechnen.

Allerdings darf eine Berechnung nie mit einer Entscheidung verwechselt werden. Denn jede Berechnung beruht auf Annahmen, die unsicher oder sogar falsch sein können. Ob eine Investition vorgenommen wird oder nicht, ob von zwei Projektalternativen die erste oder die zweite realisiert wird – das ist letztlich ein Entscheid, der nicht nur auf Rechenergebnissen basiert, sondern viele weitere Gesichtspunkte einbezieht (siehe Seite 172).

Wie beeinflusst eine Investition den Wert des Unternehmens?

Dass eine Investition «wirtschaftlich sinnvoll» ist, bedeutet nichts anderes, als dass sie letztlich den Wert des Unternehmens steigert und nicht schmälert. Zuerst aber bedeutet jede Investition, dass das Unternehmen Geld «verliert», da die Investition ja bezahlt werden muss.

Der Wert dessen, was nun anstelle des Geldes im Unternehmen ist – eine Maschine, ein Auto, ein neues Schaufenster –, bemisst sich wirtschaftlich nach folgendem Kriterium: Wie viel Geld wird das in der Zukunft bringen? Und: Ist das Geld, das in Zukunft erwirtschaftet werden soll, mehr wert als das Geld, das für den Kauf aufgewendet wird?

Wieder steht der Unternehmer, die Geschäftsführerin vor der gleichen Frage: Wie lässt sich eine einmalige Zahlung (Kaufpreis) mit einer zukünftigen Zahlungsreihe (Einnahmen aus der Investition) vergleichen? Die Antwort liegt in folgender Überlegung:

Ähnlich wie beim Sparkonto Mit der Investition «kauft» eine Unternehmerin die zukünftigen Einnahmen genau gleich, wie ein Sparer mit einer Einlage auf ein Bankkonto die künftigen Ansprüche (Zinsen plus Rückzahlung der Anlage) «kauft».

Nicole V., Inhaberin eines Teeladens, erwartet, dass eine geplante Investition nach einem Jahr Einnahmen von Fr. 20 000.– generiert, im zweiten Jahr Fr. 30 000.– einbringt, im dritten Fr. 40 000.– und in den beiden letzten Jahren nochmals je Fr. 20 000.– bringt. Nun kann sie folgende Überlegung anstellen: Wie viel müsste ich auf der Bank anlegen, um in einem Jahr Fr. 20 000.– zurückzuerhalten? Das hängt offensichtlich vom Zins ab, der vergütet wird. Wenn Frau V. diesen Zins kennt, lässt sich auf recht einfache Art berechnen, wie hoch ihre Einlage sein müsste. Dasselbe gilt auch für die erwartete Zahlung in zwei oder in drei Jahren.

Sparer, die sich entscheiden, eine Einlage zu einem bestimmten Zins zu tätigen, gehen offenbar davon aus, dass der «Verlust» des Geldes im Zeitpunkt der Einzahlung durch den Wert der Rückzahlung wettgemacht wird – und die Bank überlegt genau umgekehrt: Sie vergleicht den Wert der Einlage heute mit dem Wert der Tilgungs- und Zinsverpflichtung in einem Jahr und wird den Zins so berechnen, dass diese beiden Werte ungefähr gleich sind.

Also rechnet Nicole V. gleich wie der Sparer und die Bank: Wie hoch muss die Einlage sein, die ich tätigen müsste, um in einem Jahr Fr. 20 000.– zurückzuerhalten? Bei einem Zins von 5 % wären das etwa Fr. 19 000.–. Die Fr. 20 000.– in einem Jahr haben also den gleichen Wert wie Fr. 19 000.– heute – natürlich nur bei einem Zins von 5 %. Sobald sich der Zinssatz ändert, ändert auch der Wert der Fr. 20 000.– (den jeweils verwendeten Zinssatz bezeichnet man als Kapitalisierungszins).

Dieselbe Rechnung stellt die Unternehmerin für alle anderen Einnahmen aus der Investition an, wobei sie die Zinseszinseffekte berücksichtigen muss. Als Gesamtwert für ihre Investition erhält Frau V. so Fr. 113 000.–, die Summe aus den Werten für die Jahre 1 bis 5 (siehe Tabelle, der Übersichtlichkeit halber sind alle Zahlen gerundet).

Mit anderen Worten: Für ihre Investition sollte die Inhaberin des Teeladens maximal Fr. 113 000.– bezahlen. Liegt der Preis tiefer, beispielsweise bei Fr. 100 000.–, steigt der Wert ihres Unternehmens, da sie für den Verlust von Fr. 100 000.– etwas einhandelt, das Fr. 113 000.– wert ist. Bezahlt Nicole V. mehr, vernichtet sie Unternehmenswert.

Berechnung des Werts einer Investition

Kapitalisierungszins: 5 %

	Heute	In 1 Jahr	In 2 Jahren	In 3 Jahren	In 4 Jahren	In 5 Jahren
Einnahmen aus der Investition		20	40	30	20	20
Abzinsungsfaktoren	*1,000*	*0,952*	*0,907*	*0,864*	*0,823*	*0,784*
Wert der zukünftigen Einnahmen heute	0	19	36	26	16	16

Gesamtwert der Investition: 113

Die Mathematik hinter den Berechnungen ist recht einfach und im Anhang aufgeführt. Sie können die Mathematik aber getrost wieder vergessen – auf der Homepage des Beobachters finden Sie die Excel-Tabelle «Beurteilung von Investitionen», die bereits die richtigen Formeln enthält. So können Sie sich auf die Schätzung der Daten (Zinssatz, zukünftige Einnahmen etc.) konzentrieren. Ihr Link: **www.beobachter.ch/finanzen36412008**

Wie hoch muss der Kapitalisierungszinssatz sein?

Diese Frage ist schwierig zu beantworten, da der «richtige» Kapitalisierungszinssatz von den konkreten Verhältnissen abhängt.

Allgemein gesprochen, bringt der Kapitalisierungszins zum Ausdruck, was das investierte Kapital kostet. Allerdings wäre es falsch, beispielsweise bei Fremdkapital einfach den Kreditzins in die Rechnung einzusetzen. Angenommen, Sie beschliessen, eine Hypothek aufzustocken, und zahlen dafür 3,5 % Hypothekarzins. Statt das Geld ins Unternehmen zu investieren, könnten Sie den Betrag auch an den Finanzmärkten anlegen und versuchen, 6 % Rendite oder mehr zu erzielen. Auf diese Anlagemöglichkeit verzichten Sie, wenn Sie stattdessen ins Unternehmen investieren. So betrachtet betragen die Kosten des Kapitals 6 % – den entgangenen Gewinn aus Finanzanlagen, auch als Opportunitätskosten bezeichnet –, oder sogar mehr, wenn mehr Rendite erzielbar ist.

Der Kapitalisierungszins ist deshalb grundsätzlich von zwei Faktoren abhängig:

— Vom Zustand der Finanzmärkte: Sind die Zinsen grundsätzlich hoch oder tief?

— Vom Risiko: Ist die Investition riskant oder eher nicht?

Faustregel für den Kapitalisierungszinssatz Diese beiden Faktoren korrekt zu messen und zu entscheiden, wie sie den Kapitalisierungszins beeinflussen, ist eher eine Kunst denn eine Wissenschaft, obwohl es wissenschaftlich abgestützte Modelle gibt. Als Faustregel gilt, dass in der Schweiz für durchschnittliche Unternehmen ein Zinssatz zwischen 8 % und 15 % angewendet werden soll.

Bei eher tiefem Risiko – Sie kennen den Markt und die Kunden, Sie beherrschen die notwendige Technologie – ist 8 % ein guter Wert. Steigt das Risiko, sollten Sie 10 % oder 12 % einsetzen. Geht es um eine Investition, die Ihnen Zutritt zu einem neuen Markt mit einem neuen Produkt eröffnet, und können Sie weder die Kundenreaktionen noch die Anforderungen an Ihre Unternehmung so richtig abschätzen, sind 15 %, bei hochtechnologischen Produkten auch 20 % angezeigt.

Wie stark der Kapitalisierungszins die Berechnung beeinflusst, zeigt die folgende Grafik, in der das Beispiel der Teeladen-Inhaberin mit verschiedenen Zinssätzen durchgerechnet wurde.

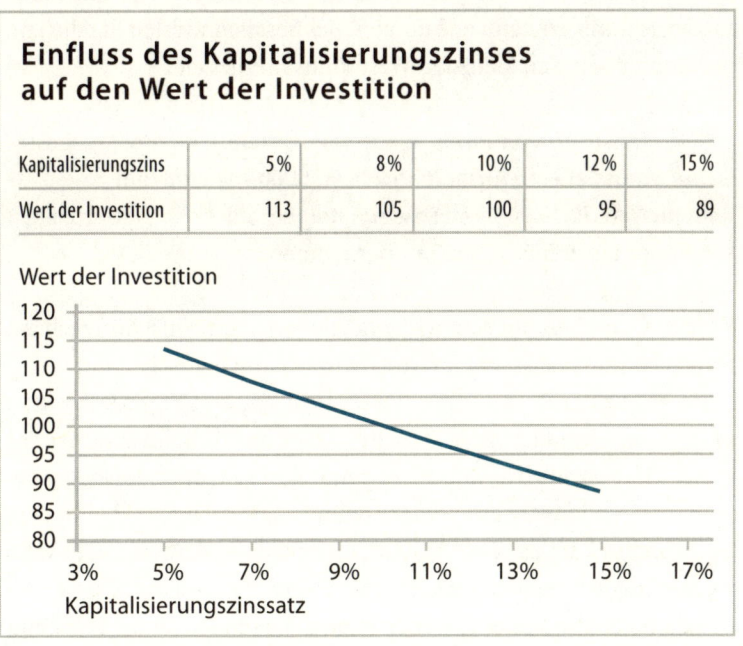

Einfluss des Kapitalisierungszinses auf den Wert der Investition

Kapitalisierungszins	5 %	8 %	10 %	12 %	15 %
Wert der Investition	113	105	100	95	89

Wert der Investition

Wenn die zukünftigen Einnahmen nicht bekannt sind

Jonas H., der Innenarchitekt im Beispiel auf Seite 161, kennt nur die Kosten des Autos, nicht aber die damit erzielbaren zusätzlichen Einnahmen. Oft ist es tatsächlich praktisch unmöglich, diese zu beziffern, da der Beitrag einer Investition zum Gesamtumsatz nicht mit Sicherheit festzustellen ist. Trotzdem bleibt die Methode nützlich.

Im Fall von Herrn H. ist klar: Der Beitrag zum Gesamtumsatz ist derselbe, ob er nun das Auto kauft oder least. Auch wenn es verschiedene Autos wären, kann der Innenarchitekt davon ausgehen, dass die künftigen Einnahmen bei beiden Varianten etwa gleich sind. Das ist in vielen Fällen so. Also geht es darum, die wirtschaftlich günstigste Invesitionsvariante zu wählen.

Auch dies können Sie mit dem Arbeitsblatt zum Kapitalisierungszinssatz tun. Statt der Einnahmen erfassen Sie aber die Ausgaben; künftige Ausgaben bewerten Sie mithilfe des Kapitalisierungszinssatzes und zählen dann zusammen. Schliesslich wählen Sie diejenige Variante, die den kleinsten Wertabfluss verursacht.

 Das Auto von Jonas H. kostet Fr. 65 000.–. Wenn er es least, muss er eine Anzahlung von Fr. 5000.– leisten und zudem pro Jahr Fr. 11 000.– an Leasingraten bezahlen. Nach fünf Jahren kann er das Auto für Fr. 9000.– übernehmen.

Wird das Geschäft mit einem Kapitalisierungszins von 8 % gerechnet, zeigt sich, dass der Leasingvertrag wirtschaftlich gesehen nur wenig teurer ist als der Kauf – obwohl Herr H. insgesamt Fr. 80 000.– statt Fr. 65 000.– bezahlt (siehe Tabelle). Der Grund: Beim Kauf ist das ganze Geld gleich zu Anfang weg und kann nicht anderweitig gewinnbringend investiert werden. Beim Leasing dagegen bleibt dem Innenarchitekten das Geld am Anfang teilweise erhalten und er kann weitere Investitionen tätigen. Das Modell geht davon aus, dass er mit diesen Investitionen eine Rendite von 8 % erzielen kann. Erscheint das dem Innenarchitekten zweifelhaft, kann er zum Beispiel mit 5 % rechnen. Dann kostet der Leasingvertrag wirtschaftlich mehr als Fr. 70 000.– und wird damit deutlich unattraktiver als der Kauf – weil eben in einer Welt, in der nur 5 % Rendite erzielt wird, der Vorteil des Leasings kleiner wird.

Vergleich des wirtschaftlichen Wertes von Investitionen

Kapitalisierungszins: 8 %

Variante Kauf	Heute	In 1 Jahr	In 2 Jahren	In 3 Jahren	In 4 Jahren	In 5 Jahren
Kaufpreis	– 65 000					
Total Zahlungsflüsse pro Jahr	– 65 000	0	0	0	0	0
Abzinsungsfaktoren	*1,000*	*0,926*	*0,857*	*0,794*	*0,735*	*0,681*
Wert der zukünftigen Einnahmen heute	– 65 000	0	0	0	0	0

Gesamtwert der Investition: – 65 000

Variante Leasing	Heute	In 1 Jahr	In 2 Jahren	In 3 Jahren	In 4 Jahren	In 5 Jahren
Anzahlung	– 5 000					
Leasingrate	– 11 000	– 11 000	– 11 000	– 11 000	– 11 000	– 11 000
Restwert						– 9 000
Total Zahlungsflüsse pro Jahr	– 16 000	– 11 000	– 11 000	– 11 000	– 11 000	– 20 000
Abzinsungsfaktoren	*1,000*	*0,926*	*0,857*	*0,794*	*0,735*	*0,681*
Wert der zukünftigen Einnahmen heute	– 16 000	– 10 185	– 9 431	– 8 732	– 8 085	– 13 612

Gesamtwert der Investition: – 66 045

Wenn die zukünftigen Einnahmen nicht vergleichbar sind

Innenarchitekt H. hat sich für Leasing entschieden, um mehr finanziellen Spielraum zu haben. Er ist aber unsicher, ob er das angebotene Fahrzeug erwerben oder einen repräsentativeren Wagen anschaffen soll, um bei den Kunden einen guten Eindruck zu machen. Die Garagistin schlägt ihm ein zweites Auto vor. Dieses wird – ebenfalls geleast – deutlich teurer, macht aber wirklich einen besseren Eindruck und hat zudem mehr Ladekapazität als das erste.

Den wirtschaftlichen Wert des ersten Fahrzeugs berechnet der Innenarchitekt auf ca. – Fr. 66 000.– (siehe Seite 169). Das negative Vorzeichen bedeutet dabei: Falls er das erste Fahrzeug kauft, verschlechtert sich seine wirtschaftliche Lage um Fr. 66 000.– (ohne Berücksichtigung der Erträge, die er mit dem Fahrzeug erwirtschaften will). Das zweite Fahrzeug, auf dieselbe Art durchgerechnet, hat einen Wert von – Fr. 75 000.–. Es bringt zwar einen zusätzlichen Nutzen, doch dieser lässt sich nicht direkt beziffern. Herr H. weiss nun aber eines trotzdem ganz genau:

Wenn er sich für die teurere Variante entscheidet, muss er damit letztlich einen zusätzlichen Umsatz auslösen, der mehr als Fr. 9000.– beträgt (Differenz zwischen – 66 000 und – 75 000), andernfalls würde er durch seinen Entscheid Unternehmenswert vernichten. Er kann sich auch vorstellen, dass ein Teil der Fr. 9000.– gespart wird – zum Beispiel weil er dank der grösseren Ladekapazität weniger Fahrten macht.

Wie auch immer, obwohl sich der Nutzen des ersten und des zweiten Fahrzeuges nicht beziffern lässt, kann Herr H. sehr wohl die Differenz berechnen und sich fragen, ob es realistisch ist, durch ein repräsentativeres Fahrzeug so viel mehr Umsatz auszulösen. Lautet die Antwort Ja, sollte er die teurere Variante wählen. Lautet sie Nein, ist die billigere wirtschaftlich vernünftiger.

Die Abhängigkeit von den Daten
– ein Problem?

Wie gezeigt, reagiert das Bewertungsmodell stark auf den Kapitalisierungszinssatz. Genauso ändert sich der Wert einer Investition natürlich auch, wenn die Zahlungsflüsse verändert werden. Da diese Schätzungen darstellen, sind sie ebenfalls mit Unsicherheit verbunden. Wird diese Unsicherheit zu gross, sollten Sie tatsächlich auf die Berechnung verzichten, da dann das Resultat nur noch ein Zufallsergebnis darstellt.

In der Regel sind aber bei Investitionsprojekten mit kurzen bis mittleren Lebensdauern die Kosten recht gut abschätzbar. Probleme entstehen eher bei den Erträgen. Doch lässt sich in diesem Fall zumindest berechnen, wie stark sich die Erträge verschiedener Varianten unterscheiden müssten, damit die billigere Variante zur schlechteren wird.

Alternativen rechnen Ausserdem eignen sich die Arbeitsblätter dafür, Alternativszenarien durchzurechnen. Der Innenarchitekt aus dem Beispiel, könnte das Ergebnis solcher Berechnungen für weitere Verhandlungen einsetzen und der Garagistin einen Gegenvorschlag zur Leasingofferte machen, sodass diese für ihn attraktiver wird als der Kaufvertrag. Was passiert beispielsweise, wenn der Rückkaufswert um Fr. 1000.– reduziert wird? Die Leasingvariante wird damit nicht um Fr. 1000.– billiger, da die Reduktion ja erst nach fünf Jahren zu Buche schlägt.

Versuchen Sie doch herauszufinden, wie hoch der Rückkaufswert sein müsste, damit das Leasing etwa gleich teuer kommt wie der Kauf. Mit der Excel-Tabelle «Beurteilung von Investitionen» auf der Beobachter-Homepage ist das schnell gemacht. Dieselbe Tabelle können Sie auch für die Beurteilung Ihrer eigenen Projekte benützen.
Ihr Link: www.beobachter.ch/finanzen36412008

Am Schluss steht der Entscheid

Wie erwähnt, dient die hier vorgestellte Methode nur dazu, verschiedenartige Zahlungsflüsse vergleichbar zu machen. Die eigentliche Entscheidung wird dadurch zwar unterstützt, aber nicht ersetzt.

In der unten stehenden Checkliste finden Sie eine Reihe von Fragen, die Sie sich ebenfalls stellen müssen. Nur wenn ein Projekt in allen Fragen ein klares Ja auslöst, entscheiden Sie aufgrund der Berechnung. Wenn nicht, ist das Resultat der Rechnung ein Element, das Sie berücksichtigen müssen: der Entscheid selber bleibt ein unternehmerischer, kein mathematischer.

Checkliste:
Weitere Kriterien für Ihren Entscheid

Habe ich selber genügend Zeit, um das neue Projekt zu managen? ☐

Habe ich selber genügend Know-how, um das Projekt umzusetzen? ☐

Gibt es keine weiteren, attraktiven Projekte, die ich zurückstellen müsste, wenn ich dieses Projekt realisiere? ☐

Beeinflusst das Projekt meinen Rechnungsabschluss positiv? ☐

Beeinflusst das Projekt das Image meines Unternehmens positiv? ☐

Finanzielle Probleme – was tun?

Finanzielle Probleme gehören zur unternehmerischen Tätigkeit wie Dornen zum Rosenbusch. Wichtig ist, dass Sie sich abzeichnende Schwierigkeiten rechtzeitig erkennen und dann nüchtern und angemessen darauf reagieren. Auch wenn niemand das gerne wahrhaben will, in gewissen Situationen ist eine freiwillige Liquidation besser als ein längeres Weiterwursteln, das dann doch zum Konkurs führt.

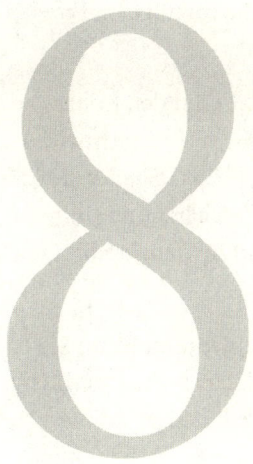

Wichtig: ein Frühwarnsystem

Jedes Unternehmen steckt in einem gewissen Sinn ständig in finanziellen Problemen. Gut geführte Betriebe unterscheiden sich von anderen dadurch, dass die Verantwortlichen die Probleme im Griff haben. Auf den folgenden Seiten werden die wichtigsten Überlegungen zum Thema kurz erläutert. Welche davon in einem konkreten Fall im Vordergrund stehen, hängt stark von den Umständen ab: von der Rechtsform, von der Art der Finanzierung, vom Markt, in dem das Unternehmen tätig ist.

Sobald ernsthafte finanzielle Schwierigkeiten auftreten, befindet sich der Betrieb in einem Teufelskreis: Die Verantwortlichen müssen mehr und mehr Zeit für die finanziellen Probleme aufwenden (Gespräche mit Gläubigern und Banken, Sanierungsplanung etc.) – Zeit, die für die Kundenbetreuung und das Erarbeiten von Umsatz fehlt. Dadurch wird das Verhältnis von Kosten und Erträgen noch ungünstiger, was die Sanierung weiter erschwert.

Vorbeugen ist besser als heilen: Wichtig ist, dass Sie im Sinn einer Frühwarnung schon in guten Zeiten die finanzielle Situation Ihres Betriebs laufend überwachen. Achten Sie vor allem auf folgende Warnsignale:

— **Kontokorrentkredite:** Steigen die Ausstände auf den Kontokorrentkonti langsam an, ist etwas faul. Sie verlieren entweder die Kontrolle über die Kosten oder über die Erträge oder Sie haben Ihren Liquiditätsbedarf falsch abgeschätzt und sollten versuchen, nachträglich den (günstigeren) Betriebskredit zu erhöhen.

— **Fehlende oder nicht aktualisierte Finanzplanung:** Wenn Sie nicht in der Lage sind, auf drei Monate hinaus recht zuverlässig (+/– 10 %) abzuschätzen, wie hoch Ihr Kreditbedarf – ohne unerwartete Ereignisse – sein wird, befinden Sie sich im Blindflug in gebirgiger Umgebung.

— **Eigener Lohn:** Buchen Sie konsequent einen Lohn für sich selber oder ziehen Sie wenigstens bei Zwischenabschlüssen einen realistischen Betrag vom Gewinn ab. Machen Sie dann immer noch Gewinn? Falls Sie diese Frage regelmässig mit Nein beantworten müssen, ist die Ertragskraft Ihrer Unternehmung ungenügend. Verschlechtert sie sich weiter, werden Sie früher oder später finanzielle Probleme haben.

Aussenstehende als Gesprächspartner

Ein weiterer wichtiger Punkt: Da finanzielle Probleme etwas Alltägliches sind, geht es in der Regel nicht darum, herauszufinden, ob Ihr Betrieb solche hat. Die Frage ist vielmehr, ob die bestehenden Probleme als bedrohlich eingestuft werden müssen. Vielen Unternehmerinnen und Unternehmern fällt es schwer, in dieser Frage die nötige Distanz zum eigenen Betrieb zu bewahren. Sie verfallen entweder schon bei kleinen Problemen in nervöse Hektik oder aber sie arbeiten nach dem Prinzip Hoffnung im bisherigen Stil weiter, wenn längst energisches Eingreifen notwendig wäre.

Versuchen Sie deshalb, in Ihrem persönlichen Umfeld eine Person zu finden, mit der Sie regelmässig nüchtern über die Situation Ihrer Firma sprechen können. Es kann sich dabei um Ihren Treuhänder, Ihre Ehepartnerin oder eine andere sachkundige und vertrauenswürdige Person handeln. Wichtig ist, dass diese Gespräche Ihnen helfen, die Perspektive zu wechseln und Ihre Firma durch fremde Augen anzusehen.

Beispiele für Probleme, die Dritte eher sehen als der Unternehmer selber, findet man oft bei der Art und Weise, wie Kunden gepflegt werden. Die Beziehung zwischen Kunde und Unternehmer ist nicht nur von rein wirtschaftlichen Gesichtspunkten geprägt. Loyalität und gegenseitiges Verständnis in schwierigen Zeiten machen eine gute Kundenbeziehung aus – bergen aber natürlich auch die Gefahr, dass wirtschaftliche Schwierigkeiten des einen Partners (zum Beispiel des Kunden) den anderen anstecken. Aus einer gutmütig abgegebenen Stundungszusage kann schnell einmal ein eigenes Liquiditätsproblem entstehen. Auf der anderen Seite kann eine hartherzig verweigerte Stundung die Kundenbeziehung und damit zukünftige Erträge gefährden. Hier hilft ein Gespräch mit Dritten, das Augenmass zu wahren.

Unterbilanz und Überschuldung

Eine Unterbilanz entsteht, vereinfacht gesagt, wenn der Betrieb die angefallenen Verluste nicht mehr mit früher erarbeiteten Gewinnen verrechnen kann. Eine Überschuldung besteht, wenn die Unterbilanz so gross wird, dass das gesamte Eigenkapital verloren ist.

Anders ausgedrückt: Ein Betrieb ist dann überschuldet, wenn die Aktiven weniger wert sind als das Fremdkapital. Da die Aktiven verschieden bewertet werden können, spricht man erst von Überschuldung, wenn die Aktiven sowohl zu den normalen, bisher verwendeten Wertansätzen als auch zu den angenommenen kurzfristigen Verkaufswerten – den sogenannten Liquidationswerten – weniger wert sind als das Fremdkapital. Ein Unternehmen, das überschuldet ist, hat also immer eine (grosse) Unterbilanz, aber nicht jedes Unternehmen mit einer Unterbilanz ist auch überschuldet.

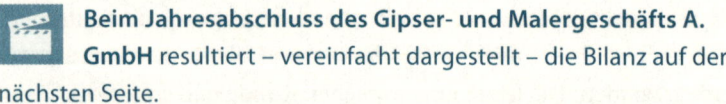 **Beim Jahresabschluss des Gipser- und Malergeschäfts A. GmbH** resultiert – vereinfacht dargestellt – die Bilanz auf der nächsten Seite.
Der Verlustvortrag zeigt: Die A. GmbH hat eine Unterbilanz. Ein Teil des ursprünglich vorhandenen Eigenkapitals wurde durch Verluste aufgebraucht. Die A. GmbH ist aber nicht überschuldet. Das Eigenkapital ist immer noch positiv, da die Aktiven insgesamt höher bewertet werden als das Fremdkapital.

Aktiven	Kasse, Post, Bank	14 530
	Debitoren	23 150
	Vorräte	3 000
	Total Umlaufvermögen	**40 680**
	Maschinen	2 000
	Fahrzeuge	15 000
	Total Anlagevermögen	**17 000**
	Total Aktiven	**57 680**
Passiven	Kreditoren	10 550
	Bankkontokorrent	580
	Betriebskredit	30 000
	Total Fremdkapital	**41 130**
	Stammkapital	20000
	Reserven	250
	Verlustvortrag	– 6 700
	Total Eigenkapital	**13 550**
	Total Passiven	**57 680**

Sollte sich nun aber herausstellen, dass unter den Debitoren ein Hauptschuldner ist, der der A. GmbH Fr. 20 000.– schuldet, und dass dieser Schuldner nicht bezahlen kann, dann ändert sich das Bilanzbild deutlich: Der Ausfall der Forderung führt zu einem weiteren Verlust und das Eigenkapital wird negativ: Damit wäre die A. GmbH überschuldet.

Eine Überschuldung bedeutet nicht direkt, dass die Schulden nicht bezahlt werden können – sie ist nur ein Indiz, dass die Firma in naher Zukunft wahrscheinlich Schwierigkeiten mit dem Bezahlen haben wird. Da ja in der Regel nicht alle Schulden auf einen Schlag fällig werden, ist es durchaus möglich, dass die Firma trotz Überschuldung noch eine gewisse Zeit zahlungsfähig bleibt.

Rechtliche Folgen bei Personengesellschaften und Einzelfirmen

Die rechtlichen Vorschriften, die sich mit Unterbilanzen befassen, zielen darauf ab, die Gläubiger einer Unternehmung zu schützen. Da bei Personengesellschaften- und Einzelfirmen jeweils eine oder sogar mehrere Personen für die Schulden der Unternehmung mit ihrem vollen Privatvermögen haften, bleiben Unterbilanzen und sogar eine Überschuldung für sich gesehen rechtlich folgenlos.

Betriebswirtschaftlich betrachtet besteht aber auf jeden Fall Handlungsbedarf: Eine Unterbilanz bedeutet ja, dass das bei der Gründung in den Betrieb gesteckte Eigenkapital teilweise aufgebraucht wurde. Bei einer Überschuldung ist sogar das Privatvermögen der Unternehmerschaft in akuter Gefahr. Handelt es sich nicht um einen «Ausrutscher» in einem besonders schlechten Geschäftsjahr, muss die Situation dringend bereinigt werden (mehr dazu auf den folgenden Seiten).

Rechtliche Folgen bei AG und GmbH

Für Verbindlichkeiten einer AG oder GmbH steht lediglich das Aktien- bzw. Stammkapital zur Verfügung; die Aktionäre bzw. Gesellschafter haften ja nicht direkt für Schulden der Firma. Eine Unterbilanz, bei der die Hälfte des eingezahlten Kapitals und der gesetzlichen Reserven aufgezehrt wurde, hat deshalb erste rechtliche Folgen (Art. 725 Abs. 1 OR): Der Verwaltungsrat bzw. bei GmbHs die Geschäftsführung muss die Aktionäre oder Gesellschafter unverzüglich über die Situation orientieren und einen Sanierungsplan vorlegen.

Sollte sich sogar zeigen, dass eine Überschuldung vorliegt (Art. 725 Abs. 2 OR), ist der Verwaltungsrat bzw. die Geschäftsführung verpflichtet, den Richter zu benachrichtigen – also die Bilanz zu deponieren. Falls nichts weiter vorgekehrt wird, bedeutet das die sofortige Eröffnung des Konkurses!

Das lässt sich nur vermeiden, wenn es gelingt, mit Gläubigern Rangrücktrittsvereinbarungen im Umfang der Überschuldung auszuhandeln (siehe Seite 183). Das heisst: Bei einer Überschuldung sind nicht nur die Aktionäre oder Gesellschafter, sondern mindestens auch die Hauptgläubiger zu orientieren und es muss unter grossem Zeitdruck ein Sanierungsplan erstellt werden.

Richtig reagieren

Eine Unterbilanz oder gar eine Überschuldung ist ein bisschen wie leichtes oder schweres Fieber: ein Symptom, dass etwas nicht stimmt, aber nicht die eigentliche Ursache der Krankheit. Genau wie bei einer Erkrankung ist es in der Regel keine Lösung, einfach das Fieber zu senken. Es geht vielmehr darum, das Problem zu identifizieren, das dazu geführt hat, dass das Eigenkapital teilweise oder sogar ganz aufgebraucht wurde.

Wie beim Fieber kann es aber manchmal notwendig sein, vorerst rasch das Symptom zu bekämpfen, um Zeit für die eigentliche Problemlösung zu gewinnen. Insbesondere bei einer AG oder GmbH kann das wegen der schwerwiegenden rechtlichen Folgen (Konkursrisiko) durchaus angezeigt sein. Bei den möglichen Massnahmen wird deshalb zwischen Sofortmassnahmen und längerfristigen, dafür nachhaltigen Massnahmen unterschieden.

Achtung: Die meisten Massnahmen haben unter anderem auch Steuerfolgen. Gerade bei Sanierungsprojekten besteht die Gefahr, dass hier grosse Fehler gemacht werden. Einen Steuerexperten, eine versierte Finanzspezialistin beizuziehen ist deshalb kein Luxus, sondern geradezu Pflicht für verantwortungsbewusste Unternehmer.

Sofortmassnahmen

Bei allen im Folgenden vorgestellten Massnahmen geht es darum, die Unterbilanz schnell zu beseitigen. Am schnellsten wirkt die Auflösung stiller Reserven, etwas länger dauert es, das Eigenkapital durch Forderungsverzichte, Einzahlungen oder Sacheinlagen wiederherzustellen.

Stille Reserven auflösen Angenommen, die Fahrzeuge der A. GmbH im Beispiel auf Seite 178 sind tatsächlich Fr. 25 000.– statt bloss Fr. 15 000.– wert. Werden die Fahrzeuge aufgewertet, entsteht ein Gewinn von Fr. 10 000.–, der den Verlustvortrag und so die Unterbilanz zum Verschwinden bringt.

Sind die stillen Reserven bisher unversteuert geblieben, müssen sie bei der Auflösung versteuert werden (siehe Seite 73). Zudem handelt es sich bei der Auflösung stiller Reserven bloss um eine buchhalterische Massnahme, die zwar das Bilanzbild verbessert, nicht aber ein eventuelles Ertragsproblem löst.

Forderungsverzichte aushandeln Angenommen, der Betriebskredit der A. GmbH stammt vom Schwiegervater des Eigentümers. Falls der Schwiegervater auf einen Drittel seiner Forderung verzichtet, um das Überleben der A. GmbH zu sichern, entsteht ebenfalls ein Gewinn von Fr. 10 000.–, der die Unterbilanz beseitigt: Es verschwinden ja Schulden, ohne dass gleichzeitig Geld aus der Kasse abfliesst, das Fremdkapital wird demzufolge kleiner, der Wert der Aktiven bleibt gleich. Damit Aktiven und Passiven gleich viel wert sind (Bilanzgleichung, siehe Seite 30), muss folglich das Eigenkapital anwachsen.

Diese Massnahme ist zwar keine rein buchhalterische, aber auch keine nachhaltige. Die A. GmbH hat nach dem Forderungsverzicht tatsächlich weniger Schulden und damit weniger Zins- und Tilgungsverpflichtungen. Sie wird deshalb nicht so schnell in Zahlungsschwierigkeiten geraten wie vorher. Allerdings ist nicht anzunehmen, dass der Betriebskredit bzw. die Zinsen dafür das Unternehmen in die Ver-

lustzone getrieben haben. Die eigentlichen Ursachen des Verlustvor-
trags bleiben bestehen und werden mit grosser Wahrscheinlichkeit
dazu führen, dass auch in Zukunft Verluste entstehen und es erneut
zu einer Unterbilanz kommt.

Ein Sonderfall des Forderungsverzichts besteht dann, wenn der
Eigentümer beispielsweise einen Teil des Betriebskredits persönlich
übernimmt.

Der Eigentümer der A. GmbH schliesst mit dem Schwiegervater einen neuen Vertrag. Damit schuldet das Unternehmen dem Schwiegervater nur noch Fr. 20 000.–, der Eigentümer persönlich übernimmt Fr. 10 000.–, ohne diesen Betrag von der GmbH
zurückzufordern. Der Eigentümer übernimmt Schulden seines Unternehmens, ohne dass dieses eine Gegenleistung erbringen muss.
Dies führt zum gewünschten Gewinn, der die Unterbilanz reduziert.

Auch dieser Weg ist steuerlich heikel und sollte nur nach einge-
hender Analyse der Steuerfolgen eingeschlagen werden. Abgesehen
davon macht ein solcher Schritt natürlich den Vorteil einer Kapi-
talgesellschaft – die Reduktion des persönlichen Haftungsrisikos –
teilweise zunichte.

Schliesslich ist ein letzter Punkt zu beachten: Sind die Schulden
in der GmbH, kann diese die Zinsen als geschäftlichen Aufwand von
den Steuern abziehen. Der Eigentümer dagegen muss die Schuldzin-
sen aus den Dividenden bezahlen, die schon vorher als Einkommen
besteuert werden. Andererseits ist der Gläubiger – im Beispiel der
Schwiegervater – in einer besseren Position, falls der Eigentümer
über nennenswerte Sicherheiten verfügt, beispielsweise eine nicht
voll verschuldete Immobilie oder Wertschriften. Es sollte deshalb
möglich sein, für die Restschuld bessere Kreditkonditionen (tiefere
Zinsen und / oder längere Zahlungsfristen für Tilgungszahlungen)
auszuhandeln.

Rangrücktrittserklärung eines Gläubigers Erklärt ein Gläubiger, dass seine Forderungen im Konkursfall erst dann erfüllt werden

müssen, wenn alle anderen Gläubiger voll befriedigt worden sind, spricht man von einem Rangrücktritt. Durch eine solche Erklärung verbessert sich die Risikosituation der übrigen Gläubiger und das Fremdkapital mit Rangrücktritt wird dem Eigenkapital sehr ähnlich. Ohne dass rechtlich wirklich neues Eigenkapital geschaffen wird – mit all den damit verbundenen Auflagen wie Stimmrecht, Recht auf Dividende etc. –, wird in Bezug auf das Gläubigerrisiko der gleiche Effekt erzielt.

Rangrücktrittserklärungen verlangen einem Gläubiger sehr viel ab und sind in der Praxis ähnlich schwer umzusetzen wie Forderungsverzichte. Da die Forderung aber bestehen bleibt und zum Beispiel die Zinszahlungen weiter geleistet werden – solange kein Konkursverfahren und keine Stundung läuft –, ist diese Situation für den Gläubiger dennoch etwas attraktiver.

Neues Eigenkapital durch Umwandlung von Schulden

Der Schwiegervater im Beispiel könnte Folgendes überlegen: «Ich glaube wirklich daran, dass die A. GmbH überlebensfähig ist, und möchte meinen Teil dazu beitragen. Statt dass ich aber einfach auf meine Forderung verzichte oder einen Rangrücktritt erkläre, mache ich dem Schwiegersohn folgenden Vorschlag: Er erhöht das Stammkapital um Fr. 10 000.– und überlässt mir den neuen Anteil. Im Gegenzug verzichte ich auf Fr. 10 000.– von meiner Forderung.»

Wie beim Rangrücktritt kann der Schwiegervater auf diese Weise im Konkursfall erst dann eine Rückzahlung erwarten, wenn alle Gläubiger vorher voll befriedigt wurden. Wie beim Forderungsverzicht hat er eine tiefere Forderung und erhält deshalb weniger Zinsen. Falls es dem Unternehmen aber in Zukunft besser geht, erhält er immerhin Dividenden und zudem kann er als Gesellschafter nun Einfluss darauf nehmen, wie das Geschäft geführt wird.

Die Sicht des Eigentümers ist spiegelbildlich: Wenn ein Gläubiger auf seine Forderungen verzichtet und diese in Eigenkapital umwandelt, reduziert sich zwar die Unterbilanz, gleichzeitig aber muss der zukünftige Gewinn nun mit einem weiteren Gesellschafter geteilt werden und dieser wird versuchen, den Geschäftsgang in seinem Sinn zu beeinflussen. Falls dies als Bereicherung gesehen wird – umso besser. Falls die neue Konstellation aber dazu führt, dass die geschäftlichen Probleme noch schwieriger zu lösen sind, da mehrere Personen bei den Entscheiden mitwirken, hat sich die Situation nur in der Bilanz verbessert – in der Unternehmensführung werden die Schwierigkeiten zunehmen.

Neues Eigenkapital durch Einzahlungen Möglicherweise besteht das Problem ja darin, dass notwendige Investitionen nicht getätigt wurden. In diesem Fall kann es erforderlich sein, dem Unternehmen frische Mittel zuzuführen und das Eigenkapital aufzustocken. Wenn der Eigentümer der A. GmbH beschliesst, selber neues Kapital einzuschiessen oder einen neuen Gesellschafter aufzunehmen, der sich einkaufen muss, so scheint das auf den ersten Blick eine griffige Lösung zu sein. Eine nähere Betrachtung zeigt aber folgendes Problem:

Stockt der Eigentümer der A. GmbH das Kapital um Fr. 10 000.– auf, indem er diesen Betrag auf das Konto des Unternehmens überweist, verschwindet die Unterbilanz nicht. Zwar vergrössert sich der Wert der Aktiven, da das Bilanzkonto «Kasse, Post, Bank» nun Fr. 24 530.– statt Fr. 14 530.– beträgt (siehe Seite 179). Gleichzeitig steigt aber auch das Passivkonto «Stammkapital» um Fr. 10 000.– an. Der Verlustvortrag verändert sich nicht, da durch die Einzahlung kein Gewinn ausgelöst wird.

Der Verlustvortrag verschwindet nur, wenn der Eigentümer vorher auf einen Teil seines Stammkapitals verzichtet. Er setzt also das Stammkapital um Fr. 10 000.– herab, ohne sich das Kapital aus der GmbH zurückzuzahlen. Das wirkt wie ein Forderungsverzicht und führt zu einem Gewinn, der den Verlustvortrag reduziert. Anschliessend zahlt der Eigentümer Fr. 10 000.– ein. Das Stammkapital beträgt nun wieder wie vorher Fr. 20 000.–, aber der Verlustvortrag ist definitiv um Fr. 10 000.– kleiner geworden. Dass der Eigentümer dabei tatsächlich ein Opfer bringt, wird besonders dann klar, wenn das neue Kapital nicht von ihm, sondern von einem neuen Gesellschafter aufgebracht wird.

Der Eigentümer der A. GmbH findet eine Bekannte, die bereit ist, mit Fr. 10 000.– ins Unternehmen einzusteigen. Zahlt die Bekannte diese Summe ein, ohne vorherige Kapitalherabsetzung, sehen die Eigentumsverhältnisse wie folgt aus:

Vorher: Der Eigentümer kontrolliert Fr. 20 000.– Stammanteile und damit 100 % der GmbH.

Nachher 1: Der Eigentümer kontrolliert Fr. 20 000.– von insgesamt Fr. 30 000.– und damit zwei Drittel der GmbH. Die neue Gesellschafterin kontrolliert mit ihren Fr. 10 000.– einen Drittel.

Wird vorher eine Kapitalherabsetzung um Fr. 10 000.– durchgeführt, verschlechtert sich die Situation für den Eigentümer:

Nachher 2: Der Eigentümer hat noch Fr. 10 000.– Stammanteile, die neue Gesellschafterin zahlt ebenfalls Fr. 10 000.– ein. Somit kontrollieren die beiden je 50 % der GmbH.

Der bisherige Allein-Eigentümer wird also nach der Kapitalherabsetzung und Wiedereinzahlung durch seine Bekannte deutlich weniger Dividenden erhalten und damit ein spürbares finanzielles Opfer erbringen.

Neues Eigenkapital durch Sacheinlagen

Grundsätzlich kann man das Eigenkapital auch wiederherstellen, indem man der Unternehmung statt Geld Sachgüter überlässt – zum Beispiel eben die Sachgüter, in die eigentlich hätte investiert werden sollen. Möglich wäre etwa, dass der Eigentümer der A. GmbH privat Maschinen kauft und diese dem Unternehmen ohne Gegenleistung zu Eigentum überlässt. Das führt zum gewünschten Gewinn.

Die Frage ist dann aber, zu welchem Wert die Maschinen bei der GmbH bilanziert werden. Eventuell ist ja der eigentliche Wert deutlich höher als der vom Eigentümer bezahlte Kaufpreis. Dies zum Beispiel dann, wenn der Verkäufer unter Verkaufsdruck gestanden und die Maschinen zum Schleuderpreis veräussert hat.

Hier scheint sich ein Mechanismus zu zeigen, mit dem man quasi aus dem Nichts Eigenkapital schöpfen kann: Man kauft billig Dinge und überlässt diese dann als Sacheinlage zu einem deutlich höheren Wert der Firma. Wie alle einfachen Rezepte zur Lösung wirtschaftlicher Probleme funktioniert natürlich auch dieses nicht. Handelt es sich beim Unternehmen um eine AG oder GmbH, kann dieser Wert nicht einfach willkürlich festgelegt werden, sondern muss in einem speziellen Bericht fundiert beziffert werden, wobei die Unterzeichner des Berichts sogar in gewissem Umfang persönlich für die korrekte Wertansetzung haften. Wenn also die Sachwerte zu hoch bewertet in die Bilanz aufgenommen werden und dadurch Aussenstehende – über die wirtschaftliche Lage getäuscht – Risiken eingehen und dabei Schaden erleiden, können diese Schadenersatz geltend machen. Möglich sind auch strafrechtliche Konsequenzen.

Nachhaltig wirksame Massnahmen

Falls das Ertragsproblem der Unternehmung tatsächlich nur durch unterlassene Investitionen bedingt war und diese auch jetzt noch getätigt werden können, löst die Wiedereinzahlung von Eigenkapital oder die direkte Überlassung von Sacheinlagen nach vorheriger Kapitalherabsetzung sowohl das «Bilanzproblem» Unterbilanz oder gar Überschuldung als auch das tatsächliche betriebswirtschaftliche Problem «Ertragsschwäche».

In der Regel aber wirken die oben dargestellten Lösungsansätze nur kurzfristig und verbessern vor allem das Bilanzbild. Da es sich um reine Symptombekämpfung handelt, werden damit neue Verluste nicht verhindert und die Bilanz wird sich bald wieder verschlechtern. Deshalb kommt man bei einer Sanierung nicht darum herum, die Ursachen der Ertragsschwäche zu analysieren.

Geschäftsabläufe nachhaltig umstellen Der darauf folgende Auftrag muss lauten: Geschäftsabläufe neu organisieren, bis eine realistische Planung zeigt, dass künftige Gewinne die Unterbilanz zum Verschwinden bringen werden. Das bedeutet: Kosten senken und/oder Erträge steigern, indem die Preise oder der Absatz erhöht werden. Wo Sie aber konkret ansetzen müssen, das kann Ihnen kein bester Freund, keine Expertin und auch kein Ratgeber sagen. Die Situationen von Unternehmen und die Umwelt jedes Betriebs sind so vielfältig, dass Patentrezepte in der Regel dann versagen, wenn sie konkret werden.

Die Hilfe eines Sanierers

Weshalb gibt es dann in der Wirtschaftswelt Personen, die als «Berufssanierer» bekannt sind und auch entsprechende Erfolge aufweisen? Nun, auf der einen Seite spielt sicher häufig die Branchenerfahrung eine Rolle. Wer lange in einer Branche tätig ist, weiss, was möglich ist und was nicht. Solche Personen verlieren nicht viel Zeit damit, Luftschlösser zu bauen, bevor sie auf umsetzbare Lösungen kommen. Da der Zeitfaktor bei einer Sanierung eine entscheidende Rolle spielt, kann es durchaus sein, dass der originellere und intelligentere Kopf das Rennen schlicht verloren hat, bevor er auf eine machbare und nicht bloss vorstellbare Lösung kommt.

> 💡 Falls Sie in einer Branche relativ neu sind, kann es bei Schwierigkeiten durchaus angezeigt sein, einen alten Hasen zu befragen.

Kostenmanagement Andererseits ist der Erfolg von Sanierungsfachleuten oft auch einfach dadurch erklärbar, dass sie weniger Hemmungen haben, Binsenwahrheiten umzusetzen. Dazu gehört das gute alte Kostenmanagement. Jedes Unternehmen verliert mit der Zeit die Kosten etwas aus dem Griff: In guten Zeiten werden ineffiziente, aber bequeme Abläufe nicht ausgemerzt und wenn der Wind rauer weht, hat man vielleicht bereits vergessen, dass gewisse Dinge auch anders angepackt werden könnten. Die Überprüfung, ob alles, was Sie im Unternehmen getan wird und was demzufolge kostet, auch tatsächlich getan werden muss und ob es so getan werden muss, das gehört zum Rüstzeug jedes Sanierers. Und wer gar nicht erst zum Sanierungsfall werden will, nimmt sie am besten selber in regelmässigen Abständen vor.

> Sich einmal pro Jahr die Zeit dafür zu nehmen, die eigenen Abläufe genau und kritisch zu durchdenken und wenn nötig neu zu gestalten, ist zwar für ungeduldige Charaktere lästig, aber gut investierte Zeit.

Marktveränderungen nachvollziehen Eine weitere Binsenwahrheit ist, dass sich die Bedürfnisse der Kunden und die Marktbedingungen insgesamt (Konkurrenz, Preisniveau, Kundenverhalten) mit der Zeit verändern. Das müsste auch Veränderungen im Angebot der Unternehmen nach sich ziehen, da sich diese nach Lehrbuch am Markt auszurichten haben. Die reale Welt ist jedoch kein Lehrbuch: Wie Menschen tendieren oft auch Unternehmen zu einer gewissen Trägheit. Schlimmer noch: Die Entscheidungsträger verstehen es manchmal ausgezeichnet, für die Trägheit einleuchtende Argumente zu finden. Beispiel: «Die momentane Absatzschwäche hat konjunkturelle, saisonale, strukturelle, globale – bitte Unzutreffendes streichen – Ursachen. Sie sind rein zeitlich bedingt und das Pendel schlägt schon bald in die andere Richtung.»

Der Trägheit entkommen ist leichter gesagt als getan. Erstens gibt es nicht nur Trägheit und Dynamik. Es gibt auch Hektik und souveräne Gelassenheit und alle Schattierungen dazwischen. Zweitens beruhen die heutigen Probleme in der Regel auf unternehmerischen Entscheiden von gestern. Personen, die für diese Entscheide verantwortlich sind, verschliessen nur zu gerne die Augen vor den Schwierigkeiten, da diese ja der Beweis dafür sind, dass die Entscheide nicht optimal waren. Wer von aussen kommt, tut sich in der Regel einfacher, die Situation emotionslos zu analysieren. Was dann zum Vorschein kommt, hat das Management in der Regel schon gewusst, hat es aber nicht gewagt, aus diesem Wissen die richtigen Schlüsse zu ziehen.

Und die Schlussfolgerung?

Falls die Zeit nicht enorm drängt – seien Sie Ihr eigener Sanierer. Suchen Sie regelmässig nach Einsparungsmöglichkeiten und effizienteren Abläufen. Haben Sie keine Scheu davor, Ihre Produkte und Dienstleistungen anzupassen und alte Zöpfe abzuschneiden, wenn sich der Markt ändert. Bewerten Sie Entscheide vor allem danach, ob sie etwas Positives bewirken, und nicht, ob sie im Einklang mit früheren Entscheiden stehen.

Falls die Zeit drängt, sollten Sie unbedingt den Beizug einer externen Person prüfen – je früher desto besser. Das Tagesgeschäft wird umso dominanter, je grösser die Schwierigkeiten sind. Genau dann, wenn Sie den Kopf frei haben sollten, müssen Sie sich zu 100 % auf dringende, statt auf wichtige Probleme konzentrieren. Auf eine externe Unterstützung sollten Sie in einem solchen Fall nur verzichten, wenn Sie sie schlicht nicht mehr bezahlen können. Ist das der Fall, geht es in der Regel aber ohnehin nicht mehr um eine Sanierung, sondern nur noch um eine geordnete Liquidation.

Zahlungsunfähigkeit: Sanierung oder Liquidation?

Zahlungsunfähig ist eine Firma dann, wenn sie während längerer Zeit ihre Verpflichtungen nicht mehr zeitgerecht erfüllen kann. Ernsthafte Zahlungsschwierigkeiten sind eine bedrohliche Situation – nicht nur für den Betrieb, sondern vor allem auch für den Unternehmer oder die Inhaberin, die nicht nur mit dem Ausfall ihres Erwerbseinkommens, sondern unter Umständen auch mit dem Durchgriff der Gläubiger auf ihr Privatvermögen rechnen müssen.

Gerade weil die Situation aber so bedrohlich ist, sollten Sie unbedingt einen klaren Kopf bewahren. Einerseits werden Sie sich mit der

Frage beschäftigen, wie die Zahlungsprobleme entstehen konnten und wie sie sich künftig vermeiden lassen. Vor allem aber müssen die Schwierigkeiten gelöst werden.

Mögliche Ursachen für Zahlungsprobleme

Die Ursache für Zahlungsschwierigkeiten liegt oft in einer mangelhaften Ertragskraft des Unternehmens (siehe Seite 144). Sie kann aber auch durch andere Faktoren verursacht oder verstärkt werden:

— **Fehlende oder unrealistische Finanzplanung:** Oft wird vergessen, dass hohe Umsätze und grosse Kundenzufriedenheit nicht die Lösung aller Probleme sind. Die vorausschauende Abstimmung der Einnahmen mit den Ausgaben sowie der Kredithöhen und -fristen mit den Investitionsbedürfnissen des Betriebs ist eine unternehmerische Aufgabe, die genauso wichtig ist wie die Beziehungspflege und die Qualitätssicherung.

— **Gute Finanzplanung, aber schlechte Umsetzung:** Pläne verwirklichen sich nicht einfach so: Debitoren müssen gelegentlich gemahnt werden, damit sie ihren Verpflichtungen nachkommen; auf unvorhergesehene Entwicklungen muss man flexibel reagieren, um die Planung umzusetzen.

Häufig werden als Grund von Finanzproblemen ausserordentliche Ereignisse angeführt: Ein wichtiger Kunde wurde plötzlich zahlungsunfähig; die Bank setzte unerwartet die Kreditlimite herab; eine Anschaffung kostete mehr als geplant. Da müssen Unternehmer allerdings sehr selbstkritisch sein und sich fragen, ob ein solches Ereignis in einer realistischen Planung nicht doch mindestens teilweise hätte berücksichtigt werden können.

Damit Sie Probleme Ihrer Unternehmung rechtzeitig erkennen können, brauchen Sie von Anfang an ein Rechnungswesen, das die Ist-Situation ungeschminkt darstellt. Aufgrund Ihrer Erkenntnisse können Sie dann angemessen reagieren.

Zentral: ein realistischer Zeitplan

Das A und O in einem ernsthaften finanziellen Engpass ist eine nüchterne Zeitplanung: Wie lange habe ich Zeit, mich zu entscheiden? Wann müssen spätestens erste Massnahmen ergriffen werden? Viele Unternehmer scheitern, weil sie den Zeitfaktor falsch einschätzen: Die einen agieren überhastet, andere lassen wichtige Zeit ungenützt verstreichen. Das Rechnungswesen leistet hier unschätzbare Dienste:

— Aus dem Verlust können Sie abschätzen, wie lange es noch dauert, bis – in einer AG oder GmbH – die im OR vorgesehenen Massnahmen notwendig werden (siehe Seite 180).

— Aus dem Cashflow (siehe Seite 88) lässt sich abschätzen, wie lange die Barmittel und Kreditlimiten noch ausreichen, bis erste Betreibungen einsetzen.

— Aus der Bilanz (siehe Seite 30) wird ersichtlich, wie eine Sanierung aussehen könnte: Wer sind die wesentlichen Gläubiger?

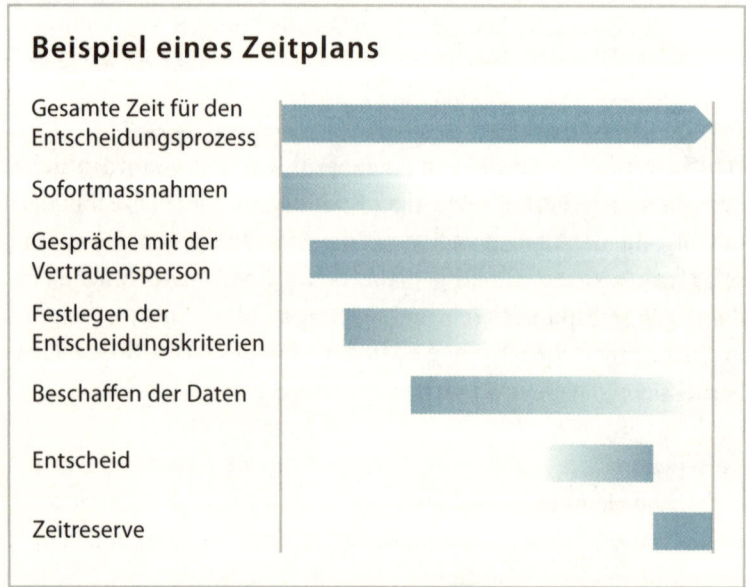

Beispiel eines Zeitplans

- Gesamte Zeit für den Entscheidungsprozess
- Sofortmassnahmen
- Gespräche mit der Vertrauensperson
- Festlegen der Entscheidungskriterien
- Beschaffen der Daten
- Entscheid
- Zeitreserve

Wo ist Kapital gebunden, das unter Umständen freigesetzt werden kann? Auch daraus ergeben sich Informationen über den Zeithorizont.

Sobald klar ist, wie viel Zeit überhaupt zur Verfügung steht, muss die Detailplanung gemacht werden.

Was spricht fürs Weitermachen?

Viele Unternehmer lassen sich durch Zahlungsschwierigkeiten kopfscheu machen, statt eine nüchterne Lagebeurteilung vorzunehmen. Sie versuchen mit allen Mitteln, einen Konkurs hinauszuschieben, und vergessen, Alternativen zu prüfen. Gerade weil die unternehmerische Tätigkeit riskant ist, kann es auch einmal so weit kommen, dass das Risiko zu gross wird und ein Neuanfang die bessere Variante darstellt. Zwar fordert auch eine geregelte Liquidation grossen persönlichen Einsatz. Doch sie schadet in der Regel dem Ruf des Unternehmers – und seinem Eigentum sowie demjenigen der Gläubiger – weniger als ein durch alle möglichen Tricks hinausgezögerter Konkurs, der irgendwann doch unvermeidlich wird.

Die Antwort auf die Frage: «Soll ich weitermachen?», will gut überlegt sein. Allzu schnell lautet sie Ja – nicht aus wirklicher Überzeugung, sondern bloss aus Angst, Alternativen prüfen zu müssen. Der Beizug einer Vertrauensperson und eine klare Zeitplanung sind praktisch unumgänglich, wenn Sie diesen Entscheid verantwortungsvoll und sorgfältig fällen wollen. Die Checkliste auf der nächsten Seite hilft, den Entscheidungsprozess zu strukturieren. Gehen Sie unbedingt strukturiert vor; der emotionale Druck ist hoch und die Versuchung, dem Problem auszuweichen, enorm.

Zeigt sich, dass Sie in der zur Verfügung stehenden Zeit nicht alle notwendigen Daten beschaffen können, auf die Sie Ihren Entscheid abstützen möchten, müssen Sie Annahmen treffen oder auf diese Entscheidungskriterien verzichten.

Checkliste: Weitermachen oder nicht?

Weiss ich, wie lange ich Zeit für die Entscheidungsfindung habe?	☐
Kann ich durch Sofortmassnahmen* Zeit gewinnen?	☐
Habe ich eine Vertrauensperson, die mich ohne falsche Sentimentalität berät und unterstützt?	☐
Weiss ich, wovon ich meinen Entscheid abhängig mache (Entscheidungskriterien)?	☐
Habe ich alle Daten, die ich für den Entscheid brauche?	☐

* Sofortmassnahmen können sein: Bestellungen stoppen oder stornieren; Daueraufträge und Lastschriftverfahren widerrufen und stattdessen die entsprechenden Verpflichtungen über Einzelzahlungsaufträge erledigen; nicht betriebsnotwendiges Vermögen liquidieren (notfalls mit Buchverlusten) etc.

Die Firma wieder rentabel machen

Lautet der Entscheid auf Weitermachen, brauchen Sie einen Sanierungsplan, der zeigt, mit welchen Massnahmen sich das Unternehmen wieder flottmachen lässt. Nur mit einem solchen Plan werden Sie Ihre Gläubiger und Kreditgeber überzeugen können, Ihrem Unternehmen nochmals eine Chance zu geben. Lässt sich kein realistischer Plan erstellen, werden Sie wohl oder übel eine geordnete Liquidation einleiten müssen.

Einen Sanierungsplan erstellen Der Sanierungsplan ist eine Art Businessplan. Im Unterschied zum «normalen» Businessplan können darin aber auch eher unübliche Schritte vorgesehen werden – beispielsweise die Stundung von fälligen Forderungen oder sogar ein teilweiser oder vollständiger Schuldenerlass (gelegentlich auch als Nachlass bezeichnet). Ob die Gläubiger solchen Vorschlägen zustimmen, hängt im Wesentlichen von zwei Faktoren ab:

— Sie werden dann einer Stundung oder einem Nachlass zustimmen, wenn die Folgen eines Konkurses für sie noch unangenehmer sind.

— Sie werden darüber hinaus nur dann zustimmen, wenn sie noch genügend Vertrauen in die Person und die Planungsfähigkeiten des Schuldners haben.

Vor allem beim letzten Punkt helfen ein sauber und korrekt geführtes Rechnungswesen sowie eine damit verknüpfte, nachvollziehbare Finanzplanung Vertrauen schaffen. Sind hingegen die Bücher unsorgfältig geführt, werden die Gläubiger annehmen, dass der Sanierungsplan die gleiche Qualität aufweist, und ihre Zustimmung verweigern. Unter Umständen ist es deshalb sinnvoll, den Sanierungsplan mit einer kompetenten, unabhängigen Drittperson auszuarbeiten.

Der gerichtliche Nachlassvertrag Da gleichrangige Gläubiger gleich behandelt werden müssen, kann es geschehen, dass zwar eine Mehrheit der Gläubiger Ihrem Sanierungsplan zustimmt, einzelne ihn aber ablehnen und damit die Sanierung blockieren. In diesem Fall können Sie versuchen, einen gerichtlichen Nachlassvertrag abzuschliessen, der auch die widerstrebenden Gläubiger zwingt, den Sanierungsplan zu akzeptieren.

Dieses Vorgehen hat allerdings einen Nachteil: Es handelt sich um ein öffentliches Verfahren, das Sie beim zuständigen Gericht beantragen müssen. Dieses setzt in der Regel einen Aussenstehenden als Sachwalter ein, der Ihre Gläubiger per Publikation etwa im Schweizerischen Handelsamtsblatt zur Eingabe der Forderungen aufruft, Gläubigerversammlungen durchführt etc. Vor allem durch die Publikation erfahren natürlich nicht nur die betroffenen Gläubiger, sondern auch Konkurrenten und Kunden von Ihren Schwierigkeiten, was dramatische Folgen für das Geschäft haben kann.

Spätestens, wenn Sie einen gerichtlichen Nachlassvertrag ins Auge fassen, sollten Sie einen Treuhänder beiziehen, der Sie im Detail berät und Ihnen hilft, Verfahrensfehler zu vermeiden.

Freiwillig und geordnet liquidieren

Bei einer gerichtlich angeordneten Liquidation – zum Beispiel bei einem Konkurs oder einem Nachlassvertrag mit Vermögensabtretung – übernimmt in der Regel eine externe Person die Liquidation. Die bisherigen Eigentümer und Geschäftsführer verlieren ihre Entscheidungsbefugnisse weitgehend.

Nicht so bei einer freiwilligen Liquidation. Handelt es sich um eine AG oder GmbH, werden zwar auch dafür spezielle Liquidatoren gewählt; diese sind aber in aller Regel mit dem Verwaltungsrat bzw. der Geschäftsführung identisch. Der Unternehmer bleibt also voll für die Planung und Durchführung der Liquidation verantwortlich. Wirtschaftlich läuft die Liquidation in folgenden Schritten ab:

— Aufstellen des groben Aktivitätenplans: Welche geschäftlichen Tätigkeiten werden noch wie lange ausgeführt?

— Information an die Mitarbeiterinnen und Mitarbeiter, die wichtigsten Kunden und Lieferanten sowie die Vermieter und Banken über den Liquidationsplan

— Kündigung der Mietverhältnisse, Arbeitsverträge, Versicherungs- und Kreditverträge, sodass die Kosten parallel zum Rückgang der Geschäftstätigkeiten zurückgeführt werden können

— Aufstellen eines Verkaufsplans: Was kann wann verkauft werden? In Freihandverkäufen oder über eine Versteigerung?

— Verkauf der Aktiven und Rückzahlung des Fremdkapitals

— Verteilung des Liquidationsgewinns unter den Eigentümern

Auch in dieser Endphase eines Unternehmens müssen die Geldflüsse mithilfe eines ständig nachgeführten Finanzplans koordiniert werden, damit keine «Unfälle» passieren (mehr zur Finanzplanung auf Seite 95). Gerade während der Liquidation ist die Gefahr gross, dass durch eine plötzlich auftretende Finanzlücke eine Zahlungsunfähigkeit entsteht, die dann doch noch zum Konkurs führt.

Anhang

— Beispiele und Hilfsmittel
— Gesetzliche Höchstbewertungsvorschriften
   für AG und GmbH
— Abschreibungssätze der eidgenössischen Steuerverwaltung
— Kennzahlenwerte
— Formeln für die Beurteilung von Investitionen
— Nützliche Adressen und Links
— Literatur
— Stichwortverzeichnis

Beispiele und Hilfsmittel

Bilanz

Das folgende Beispiel basiert auf den Vorschriften für Aktiengesellschaften
(Art. 663a OR). Es ist allerdings vereinfacht und kann praktisch für alle Rechtsformen
verwendet werden. Dabei muss lediglich die Bezeichnung «Aktienkapital» für
das eingezahlte Eigenkapital geändert werden: in «Stammkapital» für GmbHs oder
«Kapital» für Einzelfirmen und Personengesellschaften. Bei Personengesell-
schaften ist es zudem üblich, pro Gesellschafter ein separates Kapital-Konto zu
führen, also «Kapital Müller», «Kapital Meier» etc. Die Angabe der Vorjahres-
zahlen ist nur für AGs obligatorisch, empfiehlt sich aber für alle Betriebe.
Konti, welche nur in speziellen Verhältnissen benötigt werden, sind kursiv dargestellt. Sie werden ohnehin praktisch nur für AGs verwendet.

Die nebenstehende Excel-Tabelle «Bilanz» können Sie für Ihre eigenen Berechnungen
von der Homepage des Beobachters herunterladen.
Ihr Link: **www.beobachter.ch/finanzen36412008**

Bilanz per ...

Aktiven	Geschäftsjahr	Vorjahr	Veränderung
Flüssige Mittel			
Wertschriften			
Eigene Aktien			
Debitoren			
Übrige Forderungen			
Vorräte			
Aktive Rechnungsabgrenzung			
Total Umlaufvermögen			
Mobilien			
Immobilien			
Finanzanlagen			
Immaterielle Anlagen			
Total Anlagevermögen			
Total Aktiven			

Passiven	Geschäftsjahr	Vorjahr	Veränderung
Kreditoren			
Kontokorrentkredite			
Übrige kurzfristige Schulden			
Passive Rechnungsabgrenzung			
Total kurzfristiges Fremdkapital			
Darlehen			
Hypotheken			
Rückstellungen			
Übriges langfristiges Fremdkapital			
Total langfristiges Fremdkapital			
Aktienkapital			
Gesetzliche Reserven			
Freie Reserven			
Gewinn- und Verlustvortrag			
Periodengewinn			
Total Eigenkapital			
Total Passiven			

Erfolgsrechnung für Handelsfirmen

Für eine Handelsunternehmung kann die Erfolgsrechnung folgendermassen
gegliedert werden:

Erfolgsrechnung Geschäftsjahr ...

	Geschäftsjahr	Vorjahr	Veränderung
Umsatz			
– Warenaufwand			
Bruttogewinn			
Personalaufwand			
Raumaufwand			
Abschreibungen			
Wertberichtigungen			
Übriger Betriebsaufwand			
Total Aufwand			
Betriebsgewinn			
Steuern			
Übriger neutraler Erfolg			
Reingewinn			

Die Excel-Tabelle «Erfolgsrechnung für Handelsfirmen» können Sie für Ihre
eigenen Berechnungen von der Homepage des Beobachters herunterladen.
Ihr Link: **www.beobachter.ch/finanzen36412008**

Erfolgsrechnung für Produktionsbetriebe

Bei einer reinen Produktionsunternehmung ist der Bruttogewinn nicht von Interesse.
Dafür sind die Lagerveränderungen im Fertig- und Halbfertiglager auszuweisen.

Erfolgsrechnung Geschäftsjahr ...

	Geschäftsjahr	Vorjahr	Veränderung
Nettoerlöse aus Verkauf			
+/– Lagerveränderung			
Total Produktion			
Personalaufwand			
Raumaufwand			
Abschreibungen			
Wertberichtigungen			
Übriger Betriebsaufwand			
Total Aufwand			
Betriebsgewinn			
Steuern			
Übriger neutraler Erfolg			
Reingewinn			

Die Excel-Tabelle «Erfolgsrechnung für Produktionsbetriebe» können Sie für
Ihre eigenen Berechnungen von der Homepage des Beobachters herunterladen.
Ihr Link: **www.beobachter.ch/finanzen36412008**

Kostenrechnung BAB

BAB Beratungsfirma P.

Kostenartenrechnung

Pos.	Aufwände	Fr.	Abgrenzung	Kosten nach Betrag	nach Art	Fr.
					Einzelkosten	
1	Personalaufwand	400'000		400'000	Materialaufwand	5'000
2	Raumaufwand	60'000		60'000		
3	Materialaufwand	10'000		10'000	*Gemeinkosten*	
4	Zinsaufwand	7'000	40'000	47'000	Personalaufwand	400'000
5	Abschreibungen	50'000	-25'000	25'000	Raumaufwand	60'000
6	a.o. Aufwand	5'000	-5'000	0	Materialaufwand	5'000
					Zinsaufwand	47'000
					Abschreibungen	25'000
	Total	**532'000**	**10'000**	**542'000**	**Total Primärkosten**	**537'000**

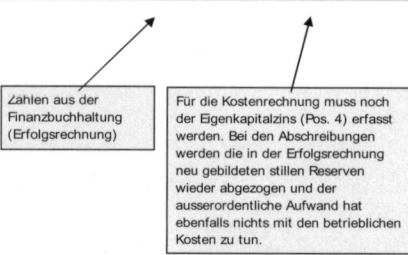

Zahlen aus der
Finanzbuchhaltung
(Erfolgsrechnung)

Für die Kostenrechnung muss noch
der Eigenkapitalzins (Pos. 4) erfasst
werden. Bei den Abschreibungen
werden die in der Erfolgsrechnung
neu gebildeten stillen Reserven
wieder abgezogen und der
ausserordentliche Aufwand hat
ebenfalls nichts mit den betrieblichen
Kosten zu tun.

Umlage
Sekretariat

**Total
Sekundär-
kosten**

Umlage
Sekundär-
kosten

Buchhaltung
und EDV

Schlüssel	Kostenstellenrechnung				Kostenträgerrechnung	
	Sekretariat	Buchhaltung	EDV	GL	Buchführung	Beratung
					5'000	
nach Anzahl Personen	40'000	120'000	160'000	80'000		
gleich verteilt	15'000	15'000	15'000	15'000		
gleich verteilt	1'250	1'250	1'250	1'250		
nach Anlagevermögen	9'400	9'400	23'500	4'700		
nach Anlagevermögen	5'000	5'000	12'500	2'500		
	70'650	**150'650**	**212'250**	**103'450**		
gleich verteilt auf Buchhaltung und EDV	-70'650	35'325	35'325			
	0	**185'975**	**247'575**	**103'450**		
nach Umsatz in der Buchführung bzw. Beratung	Buchhaltung				132'839	53'136
	EDV				90'027	157'548
	Total Herstellkosten				**227'867**	**210'683**
nach Herstellkosten	Umlage GL				53'752	49'698
	Total Selbstkosten				**281'618**	**260'382**

Die scheinbar falschen Additionen entstehen aus Rundungsdifferenzen in den Excel-Berechnungen. Wie die Formeln hinter den Zellen aufgebaut sind, sehen Sie in der Excel-Tabelle auf der Beobachter-Homepage.

Die Excel-Tabelle «Kostenrechnung BAB» samt den Erklärungen dazu können Sie für Ihre eigenen Berechnungen von der Homepage des Beobachters herunterladen. Ihr Link: www.beobachter.ch/finanzen36412008

Kurzfristiger Finanzplan

für: **M. AG**
erstellt von: **Peter L.**

	Januar	Februar	März	April
Verkaufseinnahmen				
Aus Verkaufsplan		17'520	26'220	30'660
Debitorenzahlungen aus Vormonaten	20'000			
Total Einnahmen aus Geschäftstätigkeit	20'000	17'520	26'220	30'660
Betriebsausgaben				
Aus Produktionsplan	-14'185	-18'437	-20'440	-22'952
Zahlungen an Kreditoren aus Vormonaten	-10'000			
Zinsen Hypothek			-5'000	
Steuern				
Diverse Barausgaben	-1'500	-1'500	-1'500	-1'500
Total Ausgaben aus Geschäftstätigkeit	-25'685	-19'937	-26'940	-24'452
Cashflow aus Geschäftstätigkeit	-5'685	-2'417	-720	6'208
Investitionsausgaben				
Kauf Handgeräte		-6'500		
Umbau Phase 2				
Desinvestitionseinnahmen				
Verkauf altes Mobiliar				
Cashflow aus Investitionstätigkeit		-6'500		
Aufnahme von Schulden oder Eigenkapital				
Aufnahme kurzfristige Kredite				
Aufnahme langfristige Kredite				
Neues Eigenkapital				
Rückzahlung von Schulden oder Eigenkapital				
Rückzahlungen kurzfristige Kredite			-15'000	
Rückzahlungen langfristige Kredite				
Rückzahlungen Eigenkapital				
Cashflow aus Finanztätigkeit			-15'000	
Total Veränderung liquide Mittel	-5'685	-8'917	-15'720	6'208
Bestand liquide Mittel	26'315	17'398	1'679	7'886
Bestand Debitoren	36'900	46'680	51'960	49'500
Bestand Kreditoren	36'075	39'023	42'368	43'200
Bestand übriges kurzfristiges Fremdkapital	20'000	20'000	5'000	5'000
Bestand langfristiges Fremdkapital	500'000	500'000	500'000	500'000

Mai	Juni	Juli	August	September	Oktober	November	Dezember
28'860	26'520	20'820	13'740	14'940	20'880	23'880	24'300
28'860	26'520	20'820	13'740	14'940	20'880	23'880	24'300
-23'545	-22'997	-22'720	-18'392	-17'185	-18'277	-19'597	-20'129
	-5'000			-5'000			-5'000
				-56'000			
-1'500	-1'500	-1'500	-1'500	-1'500	-1'500	-1'500	-1'500
-25'045	-29'497	-24'220	-19'892	-79'685	-19'777	-21'097	-26'629
3'815	-2'977	-3'400	-6'152	-64'745	1'103	2'783	-2'329
		-20'000					
				1'500			
		-20'000		1'500			
	50'000						
	50'000						
3'815	47'023	-23'400	-6'152	-63'245	1'103	2'783	-2'329
11'702	58'725	35'325	29'173	-34'072	-32'969	-30'185	-32'515
46'740	39'720	31'200	33'060	40'320	43'740	44'160	44'160
42'315	41'903	35'768	33'960	35'760	37'680	38'355	38'423
5'000	5'000	5'000	5'000	5'000	5'000	5'000	5'000
500'000	550'000	550'000	550'000	550'000	550'000	550'000	550'000

Die Excel-Tabellen «Kurzfristige Finanzplanung, Beispiel» und «Kurzfristige Finanzplanung, Vorlagen» können Sie für Ihre eigenen Berechnungen von der Homepage des Beobachters herunterladen.

Ihr Link: **www.beobachter.ch/finanzen36412008**

Langfristiger Finanzplan

für: **S. GmbH**
erstellt von: **Stefan R.**

	2008	2009	2010	2011	2012
Veränderung Nettoumlaufvermögen					
Verkaufsumsätze					
Produktelinie 1	360'000	370'800	381'924	393'382	405'183
Produktelinie 2	120'000	120'000	120'000	120'000	120'000
Total Einnahmen aus Geschäftstätigkeit	**480'000**	**490'800**	**501'924**	**513'382**	**525'183**
Betriebsausgaben					
Personalaufwand	-230'000	-234'600	-239'292	-244'078	-248'959
Materialaufwand	-120'000	-127'260	-134'959	-143'124	-151'783
Raumaufwand	-50'000	-50'000	-50'000	-50'000	-50'000
Diverse Barausgaben	-20'000	-21'000	-22'050	-23'153	-24'310
Total Ausgaben aus Geschäftstätigkeit	**-420'000**	**-432'860**	**-446'301**	**-460'355**	**-475'053**
Cashflow aus Geschäftstätigkeit	**60'000**	**57'940**	**55'623**	**53'027**	**50'130**
Investitionsausgaben					
Gesamterneuerung Maschinenpark		-1'000'000			
Desinvestitionseinnahmen					
Verschrottung alte Maschinen		50'000			
Cashflow aus Investitionstätigkeit		**-950'000**			
Aufnahme von Schulden oder Eigenkapital					
Aufnahme kurzfristige Kredite					
Aufnahme langfristige Kredite		800'000			
Neues Eigenkapital		100'000			
Rückzahlung von Schulden oder Eigenkapital					
Rückzahlungen kurzfristige Kredite					
Rückzahlungen langfristige Kredite					
Rückzahlungen Eigenkapital und Dividenden					
Cashflow aus Finanztätigkeit		**900'000**			
Total Veränderung Nettoumlaufvermögen	**60'000**	**7'940**	**55'623**	**53'027**	**50'130**

	2008	2009	2010	2011	2012

Gewinnprognosen

	2008	2009	2010	2011	2012
Umsätze	480'000	490'800	501'924	513'382	525'183
./. Baraufwand	420'000	432'860	446'301	460'355	475'053
./. Abschreibungen	50'000	50'000	100'000	100'000	100'000
+/– Veränderung Rückstellungen					
Erfolg	**10'000**	**7'940**	**-44'377**	**-46'973**	**-49'870**

Bilanzstruktur

	2008	2009	2010	2011	2012
Bestand Nettoumlaufvermögen	135'000	142'940	198'563	251'590	301'720
Bestand Umlaufvermögen	155'000	162'940	218'563	271'590	321'720
Bestand Anlagevermögen	450'000	1'350'000	1'250'000	1'150'000	1'050'000
Bestand kurzfristiges Fremdkapital	20'000	20'000	20'000	20'000	20'000
Bestand langfristiges Fremdkapital	100'000	900'000	900'000	900'000	900'000
Bestand Fremdkapital	120'000	920'000	920'000	920'000	920'000
Bestand Eigenkapital	485'000	592'940	548'563	501'590	451'720
Bilanzsumme	605'000	1'512'940	1'468'563	1'421'590	1'371'720
Eigenfinanzierungsgrad	80.2%	39.2%	37.4%	35.3%	32.9%
Anlagedeckungsgrad 2	130.0%	110.6%	115.9%	121.9%	128.7%

Die Excel-Tabellen «Langfristige Finanzplanung, Beispiel» und «Langfristige Finanzplanung, Vorlagen» können Sie für Ihre eigenen Berechnungen von der Homepage des Beobachters herunterladen.
Ihr Link: www.beobachter.ch/finanzen36412008

Gesetzliche Höchstbewertungsvorschriften für AG und GmbH

Bilanzposition	Bilanzierbarer Höchst- bzw. Minderwert
Gründungs-, Kapitalerhöhungs- und Organisationskosten (Art. 664 OR)	Kostenwert unter Abzug von Abschreibungen innert fünf Jahren
Anlagevermögen (einschliesslich Beteiligungen, Finanzanlagen und immaterielle Anlagen; Art. 665 OR) – von Dritten gekauft – selbst erzeugt	 – Anschaffungswert – Herstellungswert beide Werte abzüglich der notwendigen Abschreibungen
Rohmaterialien, Halb- und Fertigfabrikate und Waren (Art. 666 OR) – von Dritten gekauft – selbst erzeugt	 – Anschaffungswert – Herstellungswert oder tieferer allgemein geltender Marktpreis (Niederstwertprinzip)
Wertschriften mit Kurswert (Art. 667 Abs. 1 OR)	Durchschnittskurs des Monats vor dem Bilanzstichtag (in der Praxis auch Schlusskurs erlaubt, falls die Position nicht allzu gross ist)
Wertschriften ohne Kurswert (Art. 667 Abs. 2 OR)	Anschaffungswert abzüglich der notwendigen Wertberichtigungen
Wertberichtigungen (Art. 669 Abs.1 OR)	Mindestens im Umfang, der nach allgemein anerkannten kaufmännischen Grundsätzen notwendig ist
Rückstellungen (Art. 669 Abs.1 OR)	Nach allgemein anerkannten kaufmännischen Grundsätzen, insbesondere um ungewisse Verpflichtungen und drohende Verluste aus schwebenden Geschäften zu decken
Reserve für eigene Aktien (Art. 659a, 671a OR)	Anschaffungswert der eigenen Aktien abzüglich der Anschaffungswerte von veräusserten oder vernichteten eigenen Aktien
Aufwertungsreserve (Art. 670, 671b OR)	Aufwertungsbetrag über die Anschaffungs- und Herstellungskosten hinaus unter Abzug der vorgenommenen Wiederabschreibungen, der Auflösungen wegen Veräusserung der aufgewerteten Aktiven und der Umwandlung in Aktienkapital

Abschreibungssätze der eidgenössischen Steuerverwaltung

Abschreibungen auf dem Anlagevermögen geschäftlicher Betriebe[1]

Rechtsgrundlagen: Art. 27 Abs. 2 Bst. A, Art. 28 und Art. 62 des Bundesgesetzes über die direkte Bundessteuer (DBG)

1. Normalsätze in Prozenten des Buchwerts[2]

Wohnhäuser von Immobiliengesellschaften und Personalwohnhäuser
– auf Gebäuden allein[3] .... 2 %
– auf Gebäude und Land zusammen[4] .... 1,5 %

Geschäftshäuser, Büro- und Bankgebäude, Warenhäuser, Kinogebäude
– auf Gebäuden allein[3] .... 4 %
– auf Gebäude und Land zusammen[4] .... 3 %

Gebäude des Gastwirtschaftsgewerbes und der Hotellerie
– auf Gebäuden allein[3] .... 6 %
– auf Gebäude und Land zusammen[4] .... 4 %

Fabrikgebäude, Lagergebäude und gewerbliche Bauten
(speziell Werkstatt- und Silogebäude)
– auf Gebäuden allein[3] .... 8 %
– auf Gebäude und Land zusammen[4] .... 7 %

---

[1] Für Land- und Forstwirtschaftsbetriebe, Elektrizitätswerke, Luftseilbahnen und Schifffahrtsunternehmen bestehen besondere Merkblätter.

[2] Für Abschreibungen auf dem Anschaffungswert sind die genannten Sätze um die Hälfte zu reduzieren.

[3] Der höhere Abschreibungssatz für Gebäude allein kann nur angewendet werden, wenn der restliche Buchwert bzw. die Gestehungskosten der Gebäude separat aktiviert sind. Auf dem Wert des Landes werden grundsätzlich keine Abschreibungen gewährt.

[4] Dieser Satz ist anzuwenden, wenn Gebäude und Land zusammen in einer einzigen Bilanzposition erscheinen. In diesem Fall ist die Abschreibung nur bis auf den Wert des Landes zulässig.

Dient ein Gebäude nur zum Teil geschäftlichen Zwecken, so ist der Abschreibungssatz entsprechend zu reduzieren; wird es für verschiedene geschäftliche Zwecke
benötigt (zum Beispiel Werkstatt und Büro), so sind die einzelnen Sätze angemessen
zu berücksichtigen.

Hochregallager und ähnliche Einrichtungen 15%

Fahrnisbauten auf fremdem Grund und Boden 20%

Geleiseanschlüsse 20%

Wasserleitungen zu industriellen Zwecken 20%

Tanks (inkl. Zisternenwaggons), Container 20%

Geschäftsmobiliar, Werkstatt- und Lagereinrichtungen
mit Mobiliarcharakter 25%

Transportmittel aller Art ohne Motorfahrzeuge,
insbesondere Anhänger 30%

Apparate und Maschinen zu Produktionszwecken 30%

Motorfahrzeuge aller Art 40%

Maschinen, die vorwiegend im Schichtbetrieb eingesetzt sind oder
die unter besonderen Bedingungen arbeiten, wie zum Beispiel
schwere Steinbearbeitungsmaschinen, Strassenbaumaschinen 40%

Maschinen, die in erhöhtem Masse schädigenden chemischen
Einflüssen ausgesetzt sind 40%

Büromaschinen 40%

Datenverarbeitungsanlagen (Hardware und Software) 40%

Immaterielle Werte, die der Erwerbstätigkeit dienen,
wie Patent-, Firmen-, Verlags-, Konzessions-, Lizenz- und
andere Nutzungsrechte; Goodwill 40%

Automatische Steuerungssysteme 40%

Sicherheitseinrichtungen, elektronische Mess- und Prüfgeräte 40%

Werkzeuge, Werkgeschirr, Maschinenwerkzeuge, Geräte,
Gebinde, Gerüstmaterial, Paletten etc. 45%

Hotel- und Gastwirtschaftsgeschirr sowie Hotel- und
Gastwirtschaftswäsche 45%

2. Sonderfälle

Investitionen für energiesparende Einrichtungen

Wärmeisolierungen, Anlagen zur Umstellung des Heizungssystems, zur Nutzbarmachung der Sonnenenergie und dgl. können im ersten und im zweiten Jahr bis zu 50 % vom Buchwert und in den darauf folgenden Jahren zu den für die betreffenden Anlagen üblichen Sätzen (Ziffer 1) abgeschrieben werden.

Umweltschutzanlagen

Gewässer- und Lärmschutzanlagen sowie Abluftreinigungsanlagen können im ersten und im zweiten Jahr bis zu 50 % vom Buchwert und in den darauf folgenden Jahren zu den für die betreffenden Anlagen üblichen Sätzen (Ziffer 1) abgeschrieben werden.

3. Nachholung unterlassener Abschreibungen

Die Nachholung unterlassener Abschreibungen ist nur in Fällen zulässig, in denen das steuerpflichtige Unternehmen in früheren Jahren wegen schlechten Geschäftsgangs keine genügenden Abschreibungen vornehmen konnte. Wer Abschreibungen nachzuholen begehrt, ist verpflichtet, deren Begründetheit nachzuweisen.

4. Besondere kantonale Abschreibungsverfahren

Unter besonderen kantonalen Abschreibungsverfahren sind vom ordentlichen Abschreibungsverfahren abweichende Abschreibungsmethoden zu verstehen, die nach dem kantonalen Steuerrecht oder nach der kantonalen Steuerpraxis unter bestimmten Voraussetzungen regelmässig und planmässig zu Anwendung gelangen, wobei es sich um wiederholte oder einmalige Abschreibungen auf dem gleichen Objekt handeln kann (zum Beispiel Sofortabschreibung, Einmalerledigungsverfahren). Besondere Abschreibungsverfahren dieser Art können auch für die direkte Bundessteuer angewendet werden, sofern sie über längere Zeit zum gleichen Ergebnis führen.

5. Abschreibungen auf aufgewerteten Aktiven

Abschreibungen auf Aktiven, die zum Ausgleich von Verlusten höher bewertet wurden, können nur vorgenommen werden, wenn die Aufwertungen handelsrechtlich zulässig waren und die Verluste im Zeitpunkt der Abschreibung verrechenbar gewesen wären.

Kennzahlenwerte

Die Kennzahlenwerte sind dem Buch «Rechnungswesen als Führungsinstrument» entnommen (siehe Literaturliste) und basieren auf einer Erhebung des Bundesamts für Statistik.

Finanzierung		Produktivität	Rendite		Liquidität und Verschuldung				
Eigen-finanzie-rungs-grad	Anlage-de-ckungs-grad	Umsatz p. Voll-beschäf-tigter	Rein-ge-winn-marge	Eigen-ka-pital-rendite	Cash-flow-Marge	Ver-schul-dungs-faktor	Li-quidi-täts-grad 3	Li-quidi-täts-grad 2	
%	%	TFr	%	%	%	Jahre	%	%	
22	27	770	3.4	5	14.4	13.1	135	114	Energie-, Wasserversorgung
26	55	374	1.7	13.7	5.3	3.8	127	79	Nahrungsmittel
28	72	127	0.5	2.6	3.5	7.9	147	76	Bekleidung, Wäsche
22	45	205	0.8	4.5	7.1	5.7	166	94	Holzbe- und -verarbeitung, Möbel
26	42	183	1.6	7.5	7.9	4.2	114	97	Grafisches Gewerbe, Verlage
42	76	382	5.8	12.1	12.8	2.2	95	71	Chemische Erzeugnisse
38	60	215	3.4	5.9	14.6	3.6	163	121	Abbau und Verarbeitung Steine/Erden
30	64	22.9	1	3.9	5.8	5.8	146	81	Metallbearbeitung und -verarbeitung
26	79	197	1.9	6.5	6.6	4.6	138	98	Maschinen- und Fahrzeugbau
25	74	230	2.3	9.1	8.1	4.2	134	83	Elektrotechnik, Elektronik, Optik
60	543	350	9.9	15.1	12.3	−2.6	346	269	Uhren, Bijouterie
21	48	140	2.2	7.8	6.4	10.4	121	62	Bauhauptgewerbe
23	84	155	3.2	18	5.4	4.8	145	86	Ausbaugewerbe
32	84	991	1.7	10.6	3.1	3.8	138	100	Grosshandel
24	41	313	0.8	7.6	3.8	6.2	126	73	Einzel-, Detailhandel
22	25	104	0.6	1.9	5.9	15.9	68	57	Gastgewerbe
21	30	136	1.3	3.9	13.9	6.0	113	101	Taxi, Carreisen, Strassenverkehr
28	57	138	3.l2	5.8	15.5	3.6	125	116	Schifffahrt
35	110	102	4.1	4.1	14.2	0.0	193	179	Reisebüro, Spedition
17	22	237	9.1	8.8	24.4	14.7	120	120	Immobilien
25	58	173	7.2	14	13.3	2.1	134	122	Beratung, Planung, Informatik
28	53	68	3	16	9.0	2.2	162	146	Wäscherei, Coiffeur, Kosmetik
15	22	93	−1.3	−9.6	2.1	25.0	81	76	Unterrichtswesen privat

Formeln für die Beurteilung von Investitionen

In der Zins- und Zinseszinsrechnung lautet die Frage normalerweise: «Wenn ich X Franken anlege, wie viel werde ich in einem, in zwei, drei … Jahren auf dem Konto haben?» Für die Berechnung werden häufig folgende Bezeichnungen verwendet:

- Betrag, der angelegt wird = GW (Gegenwartswert)
- zukünftiger Betrag auf dem Konto = ZW (Zukunftswert)
- Zins = z (wobei dieser normalerweise nicht als Prozent, sondern als Faktor ausgedrückt wird; 10 % = 0.1, 5 % = 0.05)

Die Antwort auf die Frage liefern folgende Formeln:

$ZW_1 = GW \times (1 + z)$ — bei einer Anlagedauer von 1 Jahr[1]

$ZW_2 = GW \times (1 + z) \times (1 + z) = GW \times (1 + z)^2$ — bei einer Anlagedauer von 2 Jahren

$ZW_n = GW \times (1 + z)^n$ — bei einer Anlagedauer von n Jahren

Umgekehrt kann auch nach dem Gegenwartswert gefragt werden: «Was ist eine Zahlung von X Franken in n Jahren heute wert?» Dazu wird die letzte Formel nach dem Gegenwartswert aufgelöst:

$$GW = ZW_n \times [1 / (1 + z)^n] = ZW_n \times (1 + z)^{-n}$$

Der Faktor $(1 + z)^{-n}$ heisst Abzinsungsfaktor. Durch Einsetzen des Kapitalisierungszinssatzes für z sowie der richtigen Anzahl Jahre für n lässt sich den Wert jeder einzelnen zukünftigen Zahlung – sei es eine Ein- oder eine Auszahlung – berechnen, indem der Zukunftswert mit dem zugehörigen Abzinsungsfaktor multipliziert wird. Der Gesamtwert eines Projekts entspricht dann die Summe der Gegenwartswerte der einzelnen Zahlungen.

Diese Summe wird als Netto-Gegenwartswert, Netto-Barwert oder Net Present Value bezeichnet. Nach dem englischen Begriff trägt diese Methode deshalb auch den Namen «NPV-Methode».

---

[1] Der Faktor (1 + z) hat folgende Bedeutung: Zurückgezahlt wird der Gegenwartswert (deshalb 1) und zusätzlich der Zins (z).

Nützliche Adressen und Links

www.bbt.admin.ch
Bundesamt für Berufsbildung
und Technologie BBT
Effingerstrasse 27
3003 Bern
Tel. 031 322 21 29
Liste der anerkannten höheren Berufs-
ausbildungen (Rubrik: Berufsbildung
→ Berufsverzeichnisse)

www.estv.admin.ch
Eidgenössische Steuerverwaltung
Eigerstrasse 65
3003 Bern
Tel. 031 322 71 06
Reihe von Merkblättern, darunter das
Merkblatt zu den Abschreibungssätzen
und zur Aufbewahrungs- und Auf-
zeichnungspflicht Selbständigerwer-
bender (Rubrik: Publikationen
→ Verrechnungssteuer → Merkblätter)

www.fer.ch
Stiftung für Empfehlungen
zur Rechnungslegung
Postfach 6140
8023 Zürich
Fachempfehlungen zur Rechnungslegung Swiss GAAP FER für kleine
und mittelgrosse Unternehmen und
Unternehmensgruppen

www.help.ch
Übersicht über Branchenverbände

www.stv-usf.ch
Schweizerischer Treuhänder-Verband
STV/USF
Schwarztorstrasse 26
3001 Bern
Tel. 031 382 10 85
Branchenorganisation der Treuhand-
fachleute, mit Mitgliederliste

www.treuhand-kammer.ch
Treuhand-Kammer
Limmatquai 120
8023 Zürich
Tel. 044 267 75 75
Berufs- und Interessenverband
der Wirtschaftsprüfer und Steuer-
experten, mit Mitgliederliste

Literatur

Beobachter-Ratgeber

Krampf, Michael: So kommen Sie zu Ihrem Geld. Fordern, betreiben, klagen – wie Gläubiger richtig vorgehen. Beobachter-Buchverlag, Zürich 2006

Lüthy, Heini: Steuern leicht gemacht. Praktisches Handbuch für Angestellte, Selbständige und Eigenheimbesitzer. 4. Auflage, Beobachter-Buchverlag, Zürich 2008

Ruedin, Philippe; Christen, Urs; Bräunlich Keller, Irmtraud: OR für den Alltag – Kommentierte Ausgabe aus der Beobachter-Beratungspraxis. 6. Auflage, Beobachter-Buchverlag, Zürich 2007

Winistörfer, Norbert: Ich mache mich selbständig. Von der Geschäftsidee zur erfolgreichen Firmengründung. 11. Auflage, Beobachter-Buchverlag, Zürich 2008

Literatur zum Rechnungswesen

Leimgruber, Jürg; Prochinig; Urs: Buchhaltung in 20 Stunden. 4. Auflage, Verlag SKV, Zürich 2006

Leimgruber, Jürg; Prochinig, Urs: Rechnungswesen als Führungsinstrument. 4. Auflage, Verlag SKV, Zürich 2007

Sterchi, Walter: Buchführung KMU – Finanzielle Führung von kleinen und mittleren Unternehmen in Produktion, Handel und Dienstleistung. Verlag SKV, Zürich 2000

Thommen, Jean-Paul; Schellenberg, Aldo C.: Rechnungswesen – Finanzierung – Investition – Unternehmensbewertung. 5. Auflage, Versus Verlag, Zürich 2002

Stichwortverzeichnis

A

Abschluss 44
– Externer..62
– Interpretation 46
Abschreibungen 44, 110, 151
– und Kostenrechnung 79
– und stille Reserven 68
Abzinsungsfaktor 165, 215
Aktiengesellschaft 20, 24, 66
– Höchstbewertungsvorschriften.....210
– und Überschuldung 180
– und Unterbilanz 180
Aktiven 17, 31, 39
Aktivtausch 42
Anlagedeckungsgrade 136
Anlagevermögen 33
– Planung..100
– und Anlagedeckungsgrad 136
– und Ertragskraft 150
Aufwand 42
Aufwandkonti 37, 39
Aufwandminderung..........................43
Aufzeichnungspflicht 21

B

Bankenrating 118
Bauanleitung für Kennzahlen 122
Belege 43, 50
– Kontierung....................................51
Betriebsabrechnungsbogen (BAB) 85
– Excel-Tabelle 86, 204
Bewertungsvorschriften 21, 210
Bilanz 16, 24, 30
– Aussagen der 34
– Excel-Tabelle 38, 201

– und Finanzplanung 110
Bilanzkürzung 42
Bilanzsolidität 135
Bilanzverlängerung 42
Buchführung, kaufmännische 19
Buchungsregeln 34, 39

C

Cash Cycle..96
– für Handelsbetriebe 97
– für Produktionsbetriebe..................99
Cashflow 88
– aus Finanzierungstätigkeit 89, 93
– aus Geschäftstätigkeit 89, 90, 92
– aus Investitionstätigkeit 89, 93
– Definition 88
– Free Cashflow 130
– Sollgrösse 91
– und Finanzplanung 96
– und Verschuldungsfaktor..............129
– Verbesserung................................154

D

Datenfluss..50
– Checkliste 52
Deckungsbeitrag 83
Direkte Kosten 81

E

Eigenfinanzierungsgrad....................136
Eigenkapital 33
– Einzelunternehmer 77, 134
– Rendite auf 132
– Überlegungen zur Höhe 137
– Umsatzrendite 135

– und finanzielle Probleme 184
– und Kostenrechnung 76
– und Schuldenumwandlung 184
– und stille Reserven 65, 67, 69, 70
Eigenkapitalrendite 133
Einfluss nehmen auf Finanzsituation 143
Einzelunternehmer
– und Eigenkapital 77, 134
– und Kapitalrendite 134
– und Überschuldung 180
– und Unterbilanz 180
Erfolgsrechnung 15, 24, 36
– Aussagen der 38
– Excel-Tabellen 202, 203
Ermessensreserven 72
Ertrag 43
Ertragskonti 36, 39
Ertragskraft 14
– Bestimmende Faktoren 145
– Beurteilung 14, 144
– und Anlagevermögen 150
– und finanzielle Probleme 187
– und Fremdkapital 152
– und Kennzahlen 131
– und Stückkosten 148
– und Umlaufvermögen 149
– Verbesserung 144
Ertragsminderung 43
Excel-Tabellen 11, 38, 86, 107,
                                           111, 166, 200 ff.
– Bilanz 38, 201
– Erfolgsrechnung 38, 202, 203
– Finanzielle Beurteilung
   von Investitionen 166
– Kostenrechnung 86, 204
– Kurzfristiger Finanzplan 107, 206
– Langfristiger Finanzplan 111, 208
Externe Rechnung 62
Externes Rechnungswesen 55
– Checkliste... 58

F
Finanzbuchhaltung 27
Finanzielle Beurteilung
   von Investitionen 161
– Excel-Tabellen 166
Finanzielle Führung 13, 61
– Externe Rechnung 62
– Integrierte Finanzplanung 102
– Kennzahlen 115
– Kostenrechnung 74
– Mittelflussrechnung 88
– Stille Reserven 64
Finanzielle Probleme 175
– Checkliste....................................... 194
– Forderungsverzicht 182
– Gerichtlicher Nachlassvertrag 195
– Liquidation 196
– Nachhaltige Massnahmen 187
– Neues Eigenkapital 185
– Rangrücktrittserklärung 183
– Reaktion auf 181
– Sacheinlagen 186
– Sanierer... 188
– Sanierungsplan 194
– Schulden umwandeln 184
– Sofortmassnahmen 182
– Überschuldung............................... 178
– und stille Reserven 182
– Unterbilanz 178
– Warnsignale 176
– Weitermachen 193, 194
– Zahlungsunfähigkeit 191
– Zeitplan.. 192
Finanzierung beurteilen 16
Finanzierungsmöglichkeiten 157
– Checklisten 157, 159
– Leasing 160, 161, 168
Finanzplanung 46, 95
– Anlagevermögen............................ 100
– Checklisten 108, 112

– Excel-Tabellen 107, 111, 206, 208
– Häufigkeit 101
– in Wachstumsphasen 102
– Integrierte 102
– Ist- und Sollwerte 96
– und Cashflow 96
– und finanzielle Probleme 191, 196
– und Investition 102
Finanzsituation beeinflussen 143
– Ertragskraft verbessern 144
– Kapitalbeschaffung 157
– Liquidität verbessern 154
Finanzspezialisten, externe 56
– Checkliste 58
Fixe Kosten 83, 148
Forderungsverzicht 182
Free Cashflow 130
Fremdfinanzierungsgrad 136
Fremdkapital siehe auch Schulden 33
– Kapitalbeschaffung 157
– Überlegungen zur Höhe 137
– und Ertragskraft 152

G

Gerichtlicher Nachlassvertrag 195
Gesamtkapitalrendite 132
Geschäftsfälle verbuchen 34, 41
Geschäftstätigkeit
– und Cashflow 89, 90, 92
– und integrierte Finanzplanung......109
– und Kostenrechnung 76
Gesetzliche Vorschriften 19
– Höchstbewertungsvorschriften 210
– zu stillen Reserven 71
Gewinn und stille
    Reserven 65, 67, 69, 70
GmbH 20, 24
– Höchstbewertungsvorschriften 210
– und Überschuldung 180
– und Unterbilanz 180

H

Haben 38
Handelsrecht 19, 71
– Höchstbewertungs-
    vorschriften 21, 210
Handelsregister 20
Hilfsmittel für die Planung 11, 38,
                    86, 106, 111, 166, 200 ff.

I

Indirekte Kosten 81
Integrierte Finanzplanung 102
– Checklisten 108, 112
– Excel-Tabellen 107, 111, 206, 208
– Kurzfristige 107
– Langfristige 110
– Nutzen 104
– und Kennzahlen 105
– und unternehmerisches Denken ...105
Inventar 24, 29
Investition 162
– Berechnung des Werts 165
– Checkliste für Entscheid................170
– Finanzielle Beurteilung 161
– Excel-Tabellen 166
– Formeln zur Beurteilung 215
– und Cashflow 89, 93
– und Finanzplanung 102
– und Kapitalisierungszinssatz 165, 166
– und Unternehmenswert 163
– Wirtschaftlicher Wert 168, 170

K

Kalkulatorischer Zinssatz 78
Kapitalbeschaffung 157
– Checklisten 157, 159
– Leasing 160
Kapitalisierungszinssatz 165, 166, 215
Kapitalrendite 131
– auf Eigenkapital............................132

– und Einzelunternehmer 134
Kaufmännische Buchführung 19
Kennzahlen 105, 115
– als Warnsignale 139
– Anlagedeckungsgrade 136
– Definition eigener 120
– Eigenfinanzierungsgrad 136
– Fremdfinanzierungsgrad 136
– Interpretation 139
– Kapitalrendite 131
– Liquiditätsgrade 125
– Regeln zu 124
– Umsatzrendite 134
– und Banken 117
– und Finanzplanung 105
– und stille Reserven 121
– Vergleiche 118, 214
– Verschuldungsfaktor 129
– zur Bilanzsolidität 135
– zur Ertragskraft 131
– zur Liquidität 125
– zur Rentabilität 131
– zur Verschuldung 125, 129
Kennzahlenwerte 214
Kontennummern 40
Kontenplan 41
Kontenrahmen 39
Kontensystem 38
Kontierung 51
Kosten
– des Anlagevermögens 151
– des Fremdkapitals 152
– des Umlaufvermögens 149
– Direkte 81
– Fixe 83
– Indirekte 81
– Stückkosten 146
– Variable 83
Kostenarten 85
Kostenrechnung 16, 24, 74

– Abschreibungskosten 79
– Betriebsabrechnungsbogen 85, 204
– Beurteilung von Produkten 84
– Excel-Tabelle 86, 204
– Kosten auf Eigenkapital 76
– Kosten der Geschäftstätigkeit 76
– Kostenarten 85
– Kostenstellen 85
– Kostenträger 85, 86
– Leistungen 80
– Neutraler Aufwand 79
– Neutraler Ertrag 80
– Struktur 85
– Teilkostenrechnung 83
– und Preiskalkulation 146
– und stille Reserven 79
– Vollkostenrechnung 83
– Zurechnungsregeln 82
– Zuteilung von Kosten 87
Kostenstellenraster 86
Kostenstellenrechnung 85
Kreditkonditionen 117
Kreditwürdigkeit 144
Kurzfristiger Finanzplan 107
– Excel-Tabelle 206
Kurzfristiges Fremdkapital 33

L
Langfristiger Finanzplan 110
– Excel-Tabelle 208
Langfristiges Fremdkapital 33
Laufende Verbuchung 55
Leasing 160
– Vergleich mit Kauf 168
Liquidation der Firma 196
Liquide Mittel 29
Liquidität 17, 144
– Cashflow verbessern 154
– Neues Kapital aufnehmen 157
– und Cash Cycle 98

– und Finanzplanung 107
– und Wachstum 156
– Verbesserung 154
Liquiditätsgrade 125
– Interpretation 128
– Sollbereiche 126

M

Maximalabschreibungssätze,
   steuerrechtliche 22, 211
Mittelflussrechnung
   (siehe auch Cashflow)...........19, 24, 88
– Struktur 92

N

Nachlassvertrag, gerichtlicher 195
Netto-Umlaufvermögen 96
Neutraler Aufwand 79
Neutraler Ertrag 80

O

Offene Rechnungen 15
Offenposten-Buchhaltung 54
Online-Hilfsmittel für die Planung......11,
     38, 86, 107, 111, 166, 200 ff.
Organisation Rechnungswesen..........49
– Checkliste 52

P

Passiven 17, 31, 39
Passivtausch 42
Planungshilfsmittel 11, 38, 86, 106,
     111, 166, 200 ff.
Preiskalkulation 145
Produkte
– und Kostenrechnung..................81, 84
– Zurechnung von Kosten 82
– Produktelebenszyklus 84
Projekte, finanzielle Beurteilung 161

R

Rangrücktrittserklärung..................183
Rechnung, externe 62
Rechnungstellung 52
Rechnungswesen 13
– Extern 55
– Gründe für 23
– Instrumente 24
– Nutzen 13
– Organisation 49
Reingewinn 37
Reingewinnmarge 135
Reinvermögen 33, 36
Reserven siehe Stille Reserven
Rohgewinn 132
Rückstellungen 44
– und stille Reserven 66

S

Sanierer................................188
Sanierungsplan 194
Schulden 16, 30, 33
Sichtforderungen 30
Sichtguthaben 29
Soll 38
Sparpotenzial 149, 188
– Anlagevermögen 150
– Fremdkapital 152
– Umlaufvermögen 149
Steuerrecht
– Abschreibungssätze 22, 211
– und stille Reserven 73
– Vorschriften 21
Stille Reserven 64
– auf Anlagevermögen 68
– auf Debitoren 70
– auf Rückstellungen 66
– auf Umlaufvermögen 70
– Ermessensreserven 72
– und Abschreibungen 68

– und finanzielle Probleme 182
– und Kennzahlen 121
– und Kostenrechnung 79
– und Steuern 68
– Unversteuerte 73
– Versteuerte 73
– Willkürreserven 72
– Zwangsreserven 72
Stückkosten 146, 148

T

Teilkostenrechnung 83
Trennung von Privat und Geschäft 31
Treuhänder (siehe auch
    Finanzspezialisten) 59

U

Überschuldung 178
– Sofortmassnahmen 182
– Nachhaltige Massnahmen 187
Umlaufvermögen 32
– und Ertragskraft 149
Umsatzrendite 134
Unterbilanz 178
– Sofortmassnahmen 182
– Nachhaltige Massnahmen 187
Unternehmerisches Denken
    und Investitionen 162
Unversteuerte stille Reserven 73

V

Variable Kosten 83, 148
Verbuchung 41, 53
Vermögen 16, 29, 32
– und Finanzplanung 100
Verschuldungsfaktor 129
– Free Cashflow 130
Versteuerte stille Reserven 73
Vollkostenrechnung 83
Vorschriften, gesetzliche 19

– bei Überschuldung 180
– bei Unterbilanz 180
– Höchstbewertungs-
    vorschriften 21, 210
– zu stillen Reserven 71
Vorschriften, steuerrechtliche 21
– Abschreibungssätze 21, 211
– und stille Reserven 73

W

Wachstumsphasen
– Finanzplanung 102
– Kapitalbeschaffung 157
– Umsatzrendite 135
– und Liquidität 156
Willkürreserven 72
Wirtschaftlicher Wert
    einer Investition 168, 170

Z

Zahlungsbereitschaft siehe Liquidität
Zahlungsströme siehe Cashflow
Zahlungsunfähigkeit 190
Zahlungsvorgänge 18
– Kategorien 89
Zwangsreserven 72